开启，

是一个开头，它可以是一句美好的引言、
未完待续的逗点、享受美好后满足的句点、
新鲜的体验、大胆的冒险、崭新的方向，
是一趟有你共同参与的奇妙旅程。

稳实安命
谨以此书
献给生命重要的点灯人

你一学就会的
思维导图

赵胤丞 ◎ 著

图书在版编目（CIP）数据

你一学就会的思维导图 / 赵胤丞著. -- 北京：北京时代华文书局，2018.12
ISBN 978-7-5699-2720-7

Ⅰ.①你… Ⅱ.①赵… Ⅲ.①思维方法—通俗读物 Ⅳ.① B80-49

中国版本图书馆 CIP 数据核字（2018）第 246415 号

北京市版权著作权合同登记号 字：01-2017-1733

中文简体版通过成都天鸢文化传播有限公司代理，经开企有限公司授予北京时代华文书局有限公司独家发行，非经书面同意，不得以任何形式，任意重制转载。本著作限于中国大陆地区发行。

你一学就会的思维导图
NI YI XUE JIU HUI DE SIWEIDAOTU

著　者｜赵胤丞
出版人｜王训海
选题策划｜樊艳清
责任编辑｜樊艳清
装帧设计｜李尘工作室　王艾迪
责任印制｜刘　银

出版发行｜北京时代华文书局 http://www.bjsdsj.com.cn
　　　　　北京市东城区安定门外大街 136 号皇城国际大厦 A 座 8 楼
　　　　　邮编：100011　电话：010-64267955　64267677

印　　刷｜固安县京平诚乾印刷有限公司　0316-6170166
　　　　　（如发现印装质量问题，请与印刷厂联系调换）

开　本｜710mm×1000mm　1/16　印　张｜11.25　字　数｜90 千字
版　次｜2019 年 3 月第 1 版　　　　　印　次｜2019 年 3 月第 1 次印刷
书　号｜ISBN 978-7-5699-2720-7
定　价｜39.80 元

版权所有，侵权必究

引言

思维导图源起自英国，是由英国东尼·博赞（Tony Buzan）先生于20世纪70年代提出的一种模拟大脑并辅助思考的崭新工具。而学习思维导图法最大的好处，是可以触发大脑无穷无尽的联想力与想象力。

在坊间有非常多有关思维导图法的书籍，那么，我目前写的这本跟其他著作有何不同呢？简单地说，本书不着重思维导图法的理论，而在于强调如何轻松画出思维导图并应用在实际生活中。

许多学习思维导图法的人常有此类疑问："思维导图法这工具很好，但我该如何使其发挥最大效益？""我用思维导图都会卡卡的，是操作有问题？还是心态有问题？亦或是工具有问题？"

因此，我在书中分享个人在工作、教学及生活历程上如何通过思维导图法提高效率产能、理清逻辑思维以及如何正确操作思维导图的经历。希望本书能让学习思维导图却面临瓶颈的人有所突破。

【作者序】

学习思维导图活化思维，提升效率

接触到思维导图是种缘分，那时正准备PMP国际项目管理师考试的我，遇到了思维导图启蒙老师高启益老师。高老师讲授的课程，除了一般项目管理的专业内容外，还引入了思维导图，把庞杂课程重点浓缩成极少量的文字与图像，让我们可轻易掌握重点和全局。就是这样的神奇魔力，驱使我投入思维导图领域，我不仅下载思维导图法软件，钻研大量相关书籍，并试着用80个小时将PMP整本超过400页的原文教科书重点全部以思维导图法方式整理，加速了后续的复习速度，没想到短短一个月就顺利高分过关（6项中有5项拿到最高分），初尝思维导图带来的甜美果实。

后来，因为PMP证照的加持，进入美国霍特国际商学院攻读MBA。当时研究所里有6位同学也在准备考PMP，便来请教准备方式，在我分享过去用思维导图所整理的资料后，6位同学亦全部通过考试，后来职业生涯发展顺遂，再度证实思维导图的魔力！

实践思维导图找出工作症结，了解自我内心方向

从研究所毕业后，我进入外商公司上班，负责亚洲零件采购部门。然而发现公司过去因语言沟通不良导致产品反复修正而延迟出货时间，需使用DHL昂贵空运以求如期交货，严重侵蚀公司获利。于是，我利用思维导图拆解生产流程及货运程序瓶颈，找到症结所在并提出解决方案，两个月内使公司获利逐步回升至22%以上。

后来离开外资公司，回台湾于某电信集团渠道策略部服务，每天沉浸挖掘大数据数据库中，我用思维导图也挖掘出一些有价值的见解。但千篇一律的工作让心里有一个声音：我的人生就这样了吗？我老板的生活就是十年后我的生活，这样的生活我满意吗？我感到十分惶恐不安！同时，也幸运遇见Tony Buzan认证讲师陈资璧（Phoebe）老师与卢慈伟（David）老师夫妇，向他们学习最正统的思维导图并取得相关认证。我实际操作思维导图中的双值分析法，充分剖析自我性向后，决定转职，从事自己心中所热爱的教育培训业。虽然过程曲折，但心中的疑惑和彷徨消

失了，这是思维导图再次帮助我找到属于我自己的内在声音，让我顺从自我内心渴望，follow my heart！

当上讲师后，经过两百多场思维导图法基础与应用相关课程的传授与回馈，积累了不少工作上有效应用思维导图表的实例。这次出书，是希望能够把自己平常使用思维导图的操作心得重新消化整理与大家分享，以及诚挚希望这本书能够让大家生活有节奏，工作更有效率，更期待它能够让你的生命有不同的见地。最后，由衷感谢出版社总编辑与高市场敏锐度的编辑萧合仪老师及编辑团队的用心编排，还有最亲爱的家人们在这段时间对我的包容与支持，深深感谢！

目 录

第一章　思维导图心法与技巧的操作术

绘制思维导图的超简单步骤／003

绘制思维导图只需简单的工具／011

绘制思维导图简单技巧超好用／020

让思维导图超容易画的简单分类与逻辑／031

善用思维导图关键词，让你省80%的时间／042

全部都是重点等于没有重点／052

第二章　把握好节奏，一步一步把工作规划好

思维导图让专案规划及管理简单有效率／061

思维导图帮助厘清与解决问题零障碍／069

思维导图协助你做简报超有效／074

思维导图法提升工作效率与团队协作／079

思维导图让你更容易有创意构想／083

练习思维导图也是练习不设限的人生／088

用思维导图管理时间超方便／094

第三章　自我进修篇——实际运用整理术

思维导图"理财先理心"的简单表格法 / 103

思维导图简单解决考试遇到的困难点 / 110

思维导图法与曼陀罗法有什么不同？哪一个更好用？ / 116

项目工作甘特图好还是思维导图好？ / 120

用思维导图快速听演讲超能理解 / 126

第四章　梦想职涯篇——串起过去活动创意

思维导图帮你完成梦想版图 / 133

用思维导图法求职真好用 / 137

八卦纸构想课程逻辑，思维导图提升整理效率 / 141

图像联想强化记忆力超神奇 / 147

用思维导图一年快速阅读100本书的好方法 / 152

画思维导图别太费时间，自己看懂最重要 / 157

思维导图法用来规划国外自助旅游真是一大利器 / 163

第一章

思维导图心法与技巧的操作术

绘制思维导图的超简单步骤

心态面：先接受，多操作，再判断

想要工具运用得当之前，首先要先请大家吃龟苓膏！咦？是"归零膏"，不是龟苓膏喔！首先，就是要请大家一起把心态归零，对思维导图法抱持开放心态，让自己重新当学生，唯有这样，才能让自己像海绵一般快速吸收。毕竟，思维导图法是一个新工具，我们还不太熟悉，学习过程中遇到困难是极为正常的事情，只要花时间讨论与练习就可以克服，也请大家多给自己一些时间！除了思维导图法之外，当然坊间有许多方式也可以做到效率增加，因此思维导图只是其中一种法门，至于各位客官喜欢哪一种，任君挑选。我希望能够请大家把方法的门户之见先撇开，过往对于思维导图的成见与理论都先跳脱，用一颗学习的心单纯让自己专注浸润在阅读与练习中，重点不仅在思维导图法的应用，更重要的是如何提升有效思维的方式。这才是帮自己增值的最大优势。大家都准备好了吗？请大家跟我这样做！

操作面：四个步骤画出您生命中第一张思维导图

现在请大家先制作一个三角立牌做说明。三角立牌是我从恩师杨田林老师开办的"百年树百人"专业讲师培训课程中学习到的，我后来将三角立牌加以改良，并与思维导图法结合在一起。

以下是制作三角立牌的操作步骤：

1.请您拿出一张A4空白纸，中间对折，再对折，之后将呈现出三角立牌。

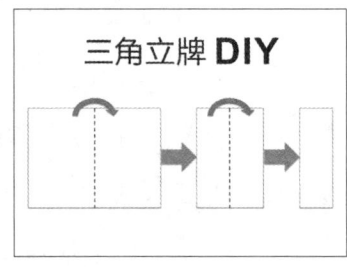 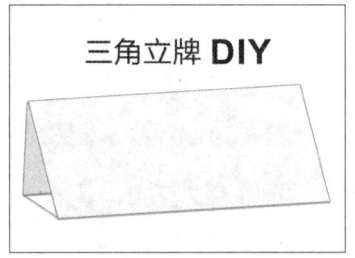

2.在名牌中间写上您的大名，并在四个角落及中上、中下方分别写上相关数据，像是服务单位、年薪、兴趣、最喜欢的电影、学习期待等六个问题，当然也可以根据您课程需求设计

合适的题目与问题数量，重点是在您写的时候，只写关键词即可。若是您想不出来的话，请您写下脑中第一个浮现的内容文字即可，这样可以降低学员填写的失误率。

3.写好之后，将伙伴分成两两一组，彼此进行自我介绍，完成后在彼此的三角立牌上签名，并握手感谢彼此分享，这样便结束与一个伙伴的分享。而整个过程约有五分钟时间，基本上可以有五至六次的机会跟其他伙伴分享。分享完之后，请大家先统计自己的三角立牌有几位伙伴的签名，之后找出分享最多的伙伴，并致赠礼物与掌声来肯定学员积极的态度。

4.我再请大家拿出另外一支彩色笔来，把位于中间的自己的姓名圈起来，之后再把外围六个项目也都一并圈选，然后把自己的名字与外围项目由中心自己的名字往外辐射跟其他圆圈连结在一起。此时，大家在无形中已经完成各位生命中第一张思维导图了，而且还是自我介绍！活动至此，大家有没有发现仅通过这小小的三角立牌，刚刚的自我介绍比以往来得轻松？之后，我就会从这里切入展开介绍思维导图法。

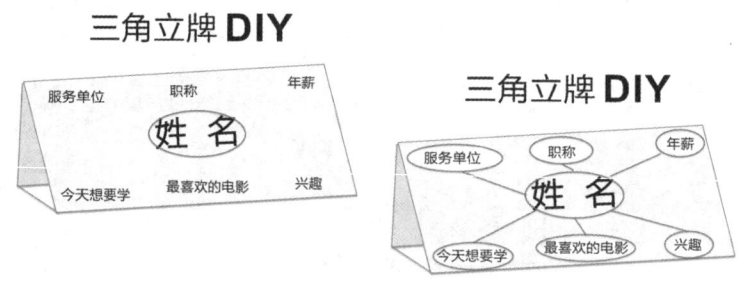

结构面：中心主题→主干→支干

接下来我们就继续使用这个三角立牌来做思维导图法结构的认识。思维导图法是如同枝叶伸展般由中心向外四面八方发散的形式，其结构分三个部分，分别是中心主题、主干与支干。

- 中心主题：就是位于每张思维导图最中央的图案，是整张思维导图的核心，所有内容都涵盖在这个主题范畴当中。以三角立牌举例来说，最中间的就是我们的姓名，所以马上就能够理解，这张是自我介绍的思维导图。

·主干：是跟中心主题链接的相关内容，像这个三角立牌范例，就有六个主干内容，主干内容彼此之间要能够轻易分辨，容易联想，尽可能避免内容错置，这就会牵扯到思维导图法另一个重要的"分类"概念，将在后面内容详细讨论。

·支干：是接续主干的所有内容，像这个三角立牌范例，假设我们在兴趣部分写上一个答案，但通常我们有好几个兴趣，就可以再往下延伸，之后用思维导图来分类整理。

思维导图法的种类：全文思维导图 + 全图思维导图 + 图文兼具思维导图

思维导图法是图案与文字结合的方式，因此分成全图思维导图、全文思维导图与图文兼具思维导图三种模式。

我知道很多人都说自己不会画图，因此学习思维导图法感到困难重重，其实各位大可不必有这样的恐惧。以往教学经验中，常有学员有如此的困惑：老师你这么会画图，所以思维导

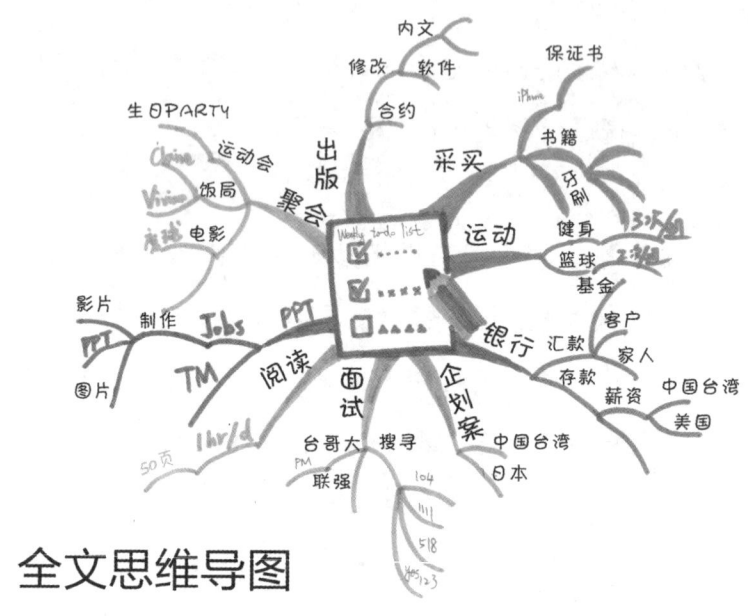

全文思维导图

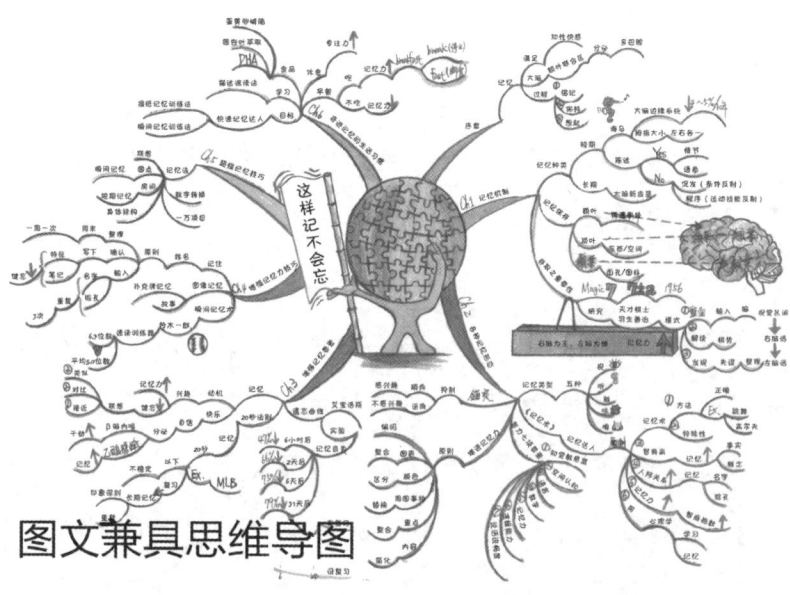

图文兼具思维导图

图才会用得这么顺手！我不会画图，当然用的不好啊！思维导图法的好坏，其实跟绘画能力的好坏无关。我们能否清楚分类的关键，重点在思维方式，图只要画到自己看得懂，看到图就能够轻松解释，就是好图案！因此，我认为思维导图是一个很个性化的产物，你画出来的图案就算像个火柴人，你要说他是猴子也行，要说他是老板也行，任你定义，只要能有助于你提高工作效率，都是好的诠释方式。若您看到这个图案依然想不起来或是看不懂图案，就可以沿着主干/支干往下找线索，可以用更多的关键词来刺激我们回想起内容，通常都很容易记得。思维导图法的逻辑性与包含性也很强烈，可以通过架构把事情清楚规划，甚至通过图案把抽象概念图像化，并通过选择对自己有感觉的图像来帮助记忆。因此，思维导图法也是一种多重感官（图像＋颜色＋分类）刺激的应用，而图案的练习将在后面一篇说明。

小技巧

1."归零膏"，将固有心态归零，开放心胸学习。

2.思维导图结构：中心主题→主干→支干。

3.思维导图种类：全图思维导图＋全文思维导图＋图文兼具思维导图。

练习题

请帮我把以下咖啡分别用"中心主题/主干/支干"分类。

	浓缩咖啡	牛奶	奶泡	水	鲜奶油	巧克力糖浆
浓缩咖啡 Expresso	●(100%)					
玛奇朵咖啡 Expresso Macchiato	●(50%)	●(50%)				
意式浓缩咖啡 Expresso con Panna	●(50%)				●(50%)	
拿铁 Café Latte	●(25%)	●(50%)	●(25%)			
白咖啡 Flat White	●(50%)	●(50%)				
卡布奇诺 Cappuccino	●(25%)	●(25%)	●(50%)			
摩卡 Caffé Mocha	●(30%)	●(30%)	●(30%)			●(10%)
美式咖啡 Americano	●(25%)			●(75%)		

【赵老师小提醒】

思维导图法的逻辑性与包含性也很强烈,可以通过架构把事情清楚规划,甚至通过图案把抽象概念图像化,并通过选择对自己有感觉的图像来帮助记忆。

绘制思维导图只需简单的工具

工欲善其事,必先利其器:绘制心智图所需要的相关工具

思维导图有两种形式:纸本与计算机,这两个工具我都经常使用,而且现在科技越来越发达,中间的界线也越来越模糊,很多手绘的动作其实都可以在计算机中完成,苹果计算机开发出iPad Pro与Apple Pencil就是要让设计师做出更好的手绘设计。

下面我把纸本跟计算机分别用到的工具与推荐用品一一向大家说明,当然这些都是我个人使用上的心得,仅供大家参考,各位可以根据自己的使用习惯来调整。

纸本

当完成一张纸本思维导图后,不仅能让自己记忆深刻,而且颜色更是五彩缤纷赏心悦目。因此画完后都希望将作品保留下来，如果因为工具方面的操作失误而毁损，实在让人心疼。

在描绘思维导图时，以下一些工具地雷请不要碰：

· **油性笔**：油性笔(不包括原子笔、记号笔、油漆笔)因为油性墨水，难溶于水，不易褪色和晕染，很多人习惯使用在重点注记上。不过若在白纸上书写，背面容易留下明显痕迹，只能单面使用，而且时间一长，油墨可能会产生黏性，并往下渗透后面好几页的作品，大家可以回想自己过往求学时笔记用原子笔写，背面都有油墨渗透的情景。

· **彩色铅笔**：彩色铅笔会耗费您大量的上色时间，而且过程中容易折断，还需要花时间削铅笔，这样非常容易中断思绪，被中断思绪时也很容易产生烦躁等不良情绪，而且画出来的颜色不够鲜艳，难以留下深刻的印象。

· **蜡笔**：蜡笔则是不容易施力，因为每画一笔后，蜡笔跟纸面的接触面积都不同，难以顺利填满颜色，而且又有碎屑，又无法对折或堆叠留存，经常造成画面脏乱的感觉与印象。

关于好用的工具，水性笔是我推荐的选项之一。有几个品牌我使用起来很顺手，下面我就使用上的功能跟大家一一分享：

书写：

·**百乐(PILOT)三色按键摩擦笔**：这是我最近体验很不错的商品，里面有黑色、红色、蓝色这三种书写最常用的颜色，而且写错还可以轻易擦掉，无须使用修正带和修正液，避免吸收不必要的化学毒气，个人十分推荐！

·**百乐(PILOT)超细变芯笔**：这也是我很常用的笔，书写方便，有多种款式颜色可以选择，我通常会带两支变芯笔，一支装填基本颜色（黑色、红色、蓝色、绿色），另外一支我会装填其他惯用颜色（橘色、粉红色、浅蓝色、浅绿色），这样用两支笔交织画出来的思维导图，颜色就会非常缤纷好看了，但笔尖较细需小心使用。

颜色填满：

·**39元彩色笔**：我建议货比三家，有很多选择，十二色仅需39元，经济又实惠，需要大量使用时一点都不心疼。

·**三菱Pure Color PW-100TPC**：如果您在意粗细跟比较

好的显色力，三菱Pure Color是很不错的选择，有粗细两种笔头，在着色上也很便利。

·COPIC系列：如果你对于色彩显色力极度在意，可以考虑COPIC系列的麦克笔，COPIC有个好处，就是颜色重叠时，不会因彼此晕染而让颜色脏脏的，这套系列也是航海王(One Piece)作者尾田荣一郎的爱用品牌，身为航海王忠实粉丝，当然立马买了尝试，该系列多达两百多种颜色，只是价格不菲，选购时需斟酌一下。

绘制思维导图用纸：
·A4空白纸：我个人常使用A4纸张来绘制作品或是构思相关企划与教案，因为最为方便，随手可得，但坏处是不容易整理，所以我是当作初稿使用，规划完就输入电脑中，问题较少。

·空白笔记本：市面上有很多笔记本模式，有横线条类型、空白类型，以及最近很流行的方格笔记本。众多笔记本当中，我会建议大家选购空白笔记本，A4或B5大小笔记本不建议大家购买，因为随身携带小本更加便利，回家之后再整理到大本即可。使用空白笔记本有几个好处：

1.复印时不会受到线条影响：有时候我们会做影印，笔记本上有隔线或方格在，虽然原稿上不会太明显，但是复印后通常会有加深的情形，阅读时容易造成干扰，请务必避免。

2.不会局限思绪：看到方格或是网格线，你会发现我们的专注力很容易被框住。我曾经尝试过用不同种纸张撰写教案设计，结果发现有隔线的写得比没隔线的少20%左右，所以我都用空白笔记本书写。

3.增加专注力：我看到一片空白的时候，其实会有种想要把内容填满的兴奋感，让自己更加容易专注，现在社会这么浮躁，用空白笔记本可以让我们专注当下工作，更加提升效率。

·**活页笔记本**：若是您有整理笔记的习惯，活页笔记本也是很棒的选择。可以让您依照不同时期的需求增添思维导图笔记，整理也很容易，也是常见的选择。

计算机

我们生活在数字时代，如果单靠纸笔，当资料量变多时，纸本的分类与保存不易；当搜寻数据时，需不断翻阅找寻，恐怕难以提高工作效率。因此，数字化就成了必然的选择。

以下有几个思维导图软件可以使用：

·X-Mind：这是我使用的第一套软件，当初在准备PMP考试时我就是用这套，分付费版本和免费版本，我建议大家购买付费版本，基本上费用也不贵，但是具备多种模板和各种文件格式的转换是其一大卖点，若是习惯使用微软Office软件的用户，一定能马上上手，美中不足的地方是，X-Mind版面风格比较平实一些。

·iMindMap：这是我接触的第二套软件iMindMap，是由思维导图法祖师爷Tony Buzan公司开发的思维导图法软件，也是市面上最接近思维导图法精神的软件，而且接口的质感跟颜色都处理得很棒，若有足够预算，非常推荐入手。

·MindJet：MindJet团队所推出的软件是MindManager，操作起来基本上跟X-Mind很像，但它的优点是有Project Director，亦即可以整合专案管理上的相关平台，是目前能够把不同项目通过思维导图法方式汇总的实用工具。此外，它亦同步支持PC计算机与Mac iOS系统以及手机版本，真正达到多屏幕的串联效果，也非常值得一用。

·Coggle：Coggle我原来也没有接触，是一位任职于外商的伙伴跟我分享的,使用完的感想是其接口设计非常直观,很令人惊艳,因此特别在这章节介绍一下Coggle。而Coggle完全免费,可以直接使用平板画出思维导图,不仅可以个人创作,还可以寄发E-mail给伙伴进行同步创作,在现今时代共享即将成为一种趋势,思维导图也不例外。因此,若能云端串连所有人,彼此都能够清楚知道目前所有人的进度,就能让彼此间的沟通更加顺畅。其中也有文字删节线可当作每周工作列表完成时的记号,而且插入图片方式也很直观,可以直接拖拽图片到适合的位置,基本上与微软Office软件一致。

当然坊间还有很多其他优秀的软件,我基本上都测试过,但以上推荐的这几款是比较实用的,大家不妨尝试看看。

手绘思维导图VS计算机思维导图的相关比较

	手绘思维导图	计算机思维导图
特性	・使用方便(一支笔＋一张纸) ・独一无二 ・完整展现个人想法 ・图案富有创意 ・笔触统一，画面感清爽 ・自己写下来印象深刻 ・形式自由并充分反映自我意志	・要带计算机设备 ・有模板可以使用以节省时间 ・可以快速整理大量数据 ・可轻松绘制主干/支干，之后输入文字即可 ・大量图案图库可以使用 ・可以转换不同档案形式
版面配置	画之前要先构思结构平衡，以避免画面混乱	软件本身会自动作出平衡调整
修正方便与否	写下去不容易修改，且要移动不同分类的内容不容易	要修改与移动内容极为简单，只要重新输入文字或把内容拉进其他分类即可完成
适合模式	创意联想，脑力激荡使用	大量信息汇整时使用
重复使用	无法重复使用，若要整合几张思维导图将花费很多时间	可以重复使用，并可以快速整合多张思维导图，还可以设定超链接，便于后续连结使用

以下是我使用过的软件的比较，当然坊间还有很多类似软件，我基本上都测试过，觉得还是这几个比较好用，所以大家不妨尝试看看，也期待分享大家的使用心得。

软件名称 (依照首字英文字母排序)	使用接口				价格	推荐指数 (纯属个人经验分享)
	计算机		手机/平板			
	Windows	Mac	Android	iOS		
Coggle	●	●	●	●	免费	★★★★★
DrawExpress Diagram			●	●	免费	★★★★
FreeMind	●	●			免费	★★★★
iMindMap	●	●		●	试用七天,之后付费	★★★★★
iThoughts		●		●	付费	★★★★★
Lighten				●	免费	★★★★★
Mindly			●	●	免费	★★★★
MindManager	●	●		●	初阶免费,进阶付费	★★★★★
MindMeister		●	●	●	付费	★★★★
MindNode		●		●	付费	★★★★
MapNote				●	付费	★★★★
Mindomo	●	●	●	●	付费	★★★★
MindVector		●	●	●	付费	★★★★
SimpleMind	●	●	●	●	免费	★★★★
TheBrain	●	●	●	●	免费	★★★★★
XMind	●	●			初阶免费,进阶付费	★★★★★

(软件接口可能随时间推移增减)

绘制思维导图简单技巧超好用

思维导图绘图技巧篇

每次上课总会有学员问及同样的问题,那就是"思维导图如何才能画得漂亮呢?"因此,我在这篇文章分享如何利用简单的技巧,让思维导图绘制更简易上手。

Q:为何画思维导图时纸张要横放?

A:这跟我们的眼睛构造有关系,如果你动眼睛会发现我们眼睛左右移动的范围远大于上下移动(但你可能尝试后还是觉得看起来差不多),那我现在用几个方式与您确认:

· 方式一:

1.请起立站好,双脚与肩同宽。

2.把双手平伸至肩膀高度,并往上伸出食指,把两根食指碰在一起，眼睛向前直视着这两根食指（但不要斗鸡眼）。

3.移动双臂水平分开食指，眼睛保持直视前方，再用眼睛的余光看双手手指头的移动，直到用余光看不到手指头的时候，把双臂停下来，再来测量一下双手食指之间的距离。

4.把双手平伸至肩膀高度，双手伸出食指并上下交迭碰在一起（右手食指在上，左手食指在下），眼睛向前直视着这两根食指（但不要斗鸡眼）。

5.移动双臂上下分开食指，眼睛保持直视前方，再用眼睛的余光看双手手指头的移动，直到用余光看不到手指头的时候，请把双臂停下来，再来测量一下双手食指之间的距离。

你会发现水平移动后食指的距离多于垂直移动后食指的距离，如果把它画在纸面上，会发现就是一个横放长方形的形状，这也是为什么我们在画思维导图时纸张要横放的原因，因为我们一眼就能够看到全貌，见树又见林。我们也可以尝试看看我们纵式的阅读习惯，从下图你就可以看到纵放与横放的不同。

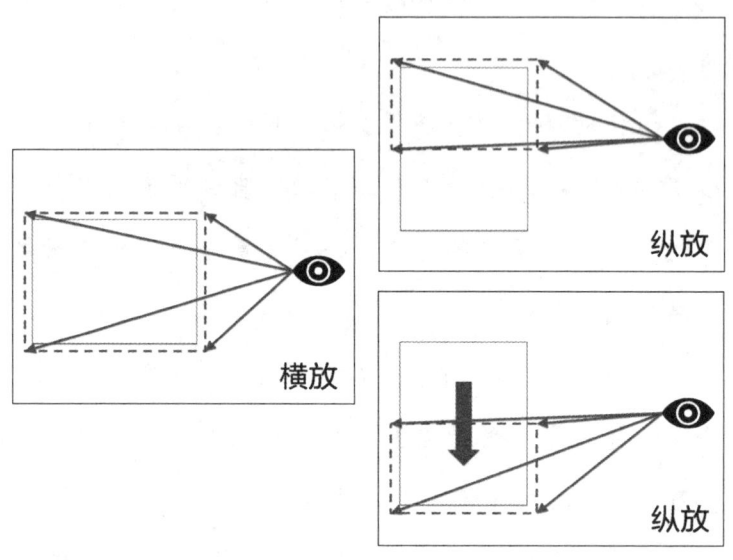

（横放VS纵放）

你会发现，横式的时候，内容可以一次看完，但是纵式的时候，内容要花费两次才能够阅读完，属于Z字型阅读，视野也相对受到局限！因此把A4纸张横放更能让我们的眼睛一看就能掌握全貌，这个一定要谨记在心。

· 方式二：

请您尝试动动看，是左右移动幅度比较大还是上下移动幅度比较大呢？你会发现眼睛左右移动幅度比较大。为什么呢？以下是我们的眼睛长度，我们眼睛左右视角可以看到约160

度，上下视角大概只有135度，所以会是横的长方形，因此在绘制思维导图时，纸张要横放才能让眼睛一次完整阅读。

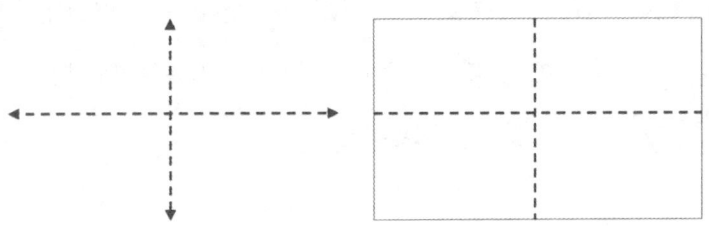

正确手绘中心主题的技巧

所谓的中心主题，是整张思维导图最核心的重点内容。通常我会先构思这个主题，之后写下几个关键词，然后再画出与这几个关键词有关的图案。

例如：时间管理，我看到时间管理时想到效率、多任务、梦想、压力等关键词，我就分别找出我喜欢的图案，稍微构思一下如何把这几张图整合为一张，这样基本上就能创造出喜欢的中心主题图案了。

那画中心主题时要画多大呢？基本上，以A4纸张来说，大小约是一枚五十元硬币大小即可，画得太大，反而没有空间可以书写主干/支干等内容；画得太小，则难以让人印象深刻，而且主干也没有地方画，反而会造成阅读上的困扰。

一般除了用文字之外，也会加入图像与色彩（一般而言三个颜色以上就很丰富了）来呈现，这样可以让整张思维导图更加活泼与吸引人。只是图案也不是全然必要的，例如在工作上需讲求效率，单靠文字可理解时，便不需图案就能达到沟通的效果，依然是一张很棒的思维导图。

正确手绘主干的技巧

根据思维导图法的定义，主干是由中心主题延伸出来。

想画好主干，有以下三个重点：

1. 正确示范

（1）主干要由粗到细：要怎么画好呢？想象中心主题中间有一条横线通过，上方的突出当作湖面隆起的山丘，你丢出去一块石头，是不是会呈现抛物线飞出去呢？是的，要画出好看的线条就先想象自己丢石头，主干由粗到细像是不同地点丢到同一个目标一样精准，这样你就会发现主干的宽度是由粗到细的美丽线条喔！或者你可以想象自己的右手手掌，先放在中心主题上，之后把虎口张开，手臂慢慢往右拉的同时，大拇指跟食指慢慢闭拢到接触在一起的动作，在空中看起来就好像是由粗到细的感觉。

（2）众多主干需要区别时可以画不同图案做出区别。

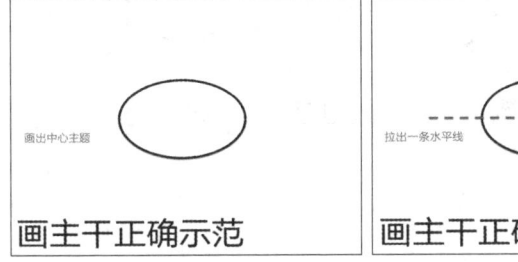
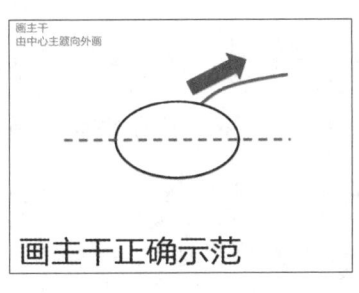
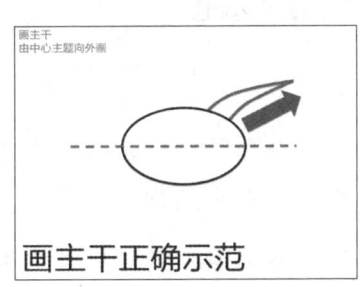
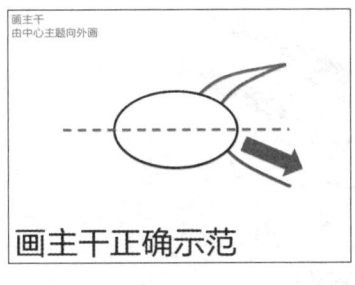
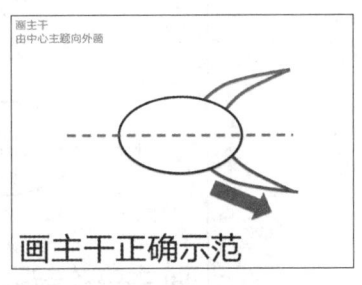
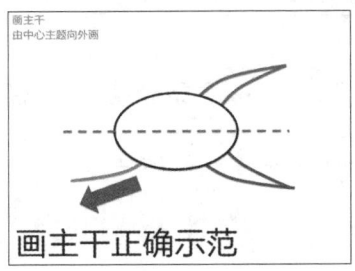
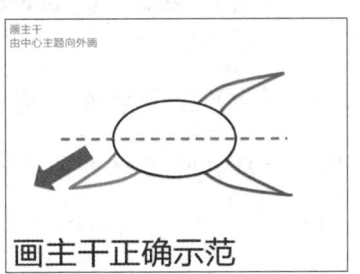

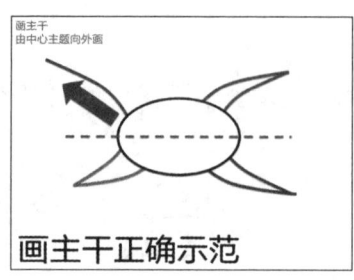 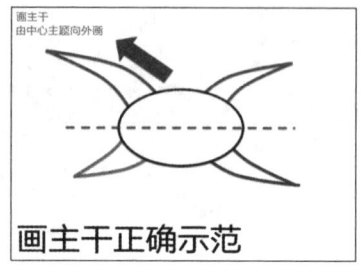

2. 错误示范

（1）秉持中间往四面八方展开：请不要在线条往外展开出去之后，马上转折回中心主题。因为这样容易不断看到中心主题内容，想的都会是中心主题，而不是主干内容，思绪容易被打扰，使用上请务必留意。

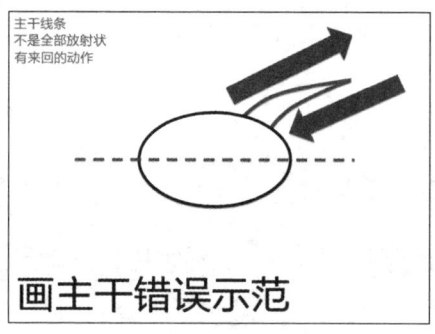

（2）主干紧密链接中心主题：主干请务必紧密链接中心主题，因为这样才更能强化记忆的链接性。

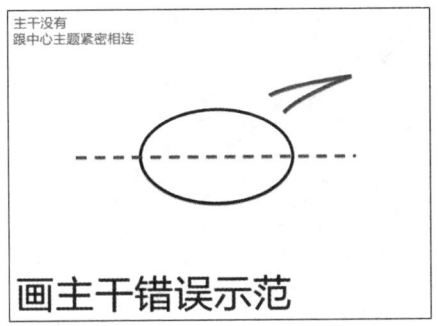

正确手绘支干的技巧

在主干的那一个点想象有一条水平线，上方想象有抛物线，下方则想象有一个湖泊做抛物线的对照。请不要画树枝状这样的支干，因为这样不容易记忆，而且容易漏记，当数量一多，可能内容会混杂在一起，反而更加混乱。

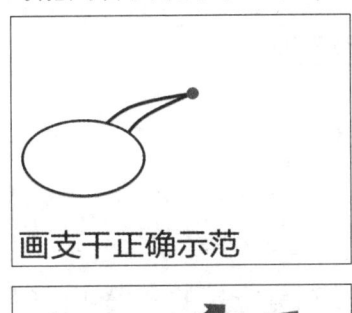
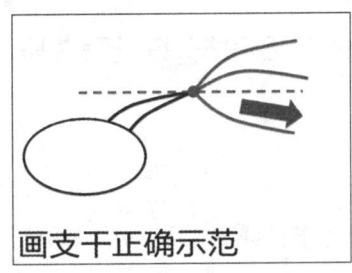
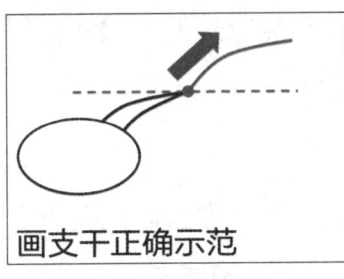
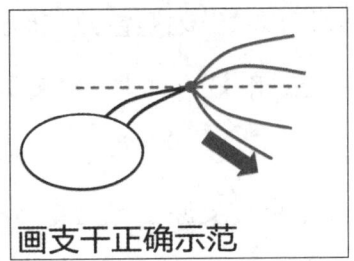

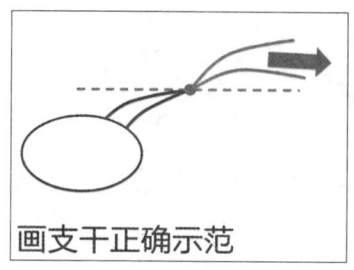

错误示范:

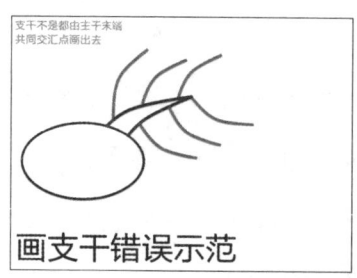 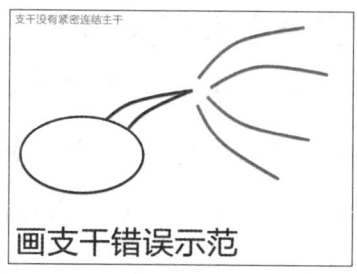

如何正确把关键词写在思维导图上

假设有一段文字如下:

全球变暖(Global Warming)指的是在一段时间中,地球的大气和海洋因温室效应而造成温度上升的气候变化现象,而其所造成的效应称为全球变暖效应。

如果拿一支原子笔画重点的话,请问您会怎么画重点呢?有些人会在重点部分文字下方划线,如下图所示:

<u>全球变暖(Global Warming)</u>指的是在一段时间中,<u>地</u>

球的大气和海洋因温室效应而造成温度上升的气候变化现象,而其所造成的效应称为全球变暖效应。

思维导图法刚好相反,假设现在先画了主干或支干,请问文字要写在线段的上方还是下方呢?答案是线段的上方,这跟我们平常画重点的原则是一样的,只是先画线段,然后在上面补关键重点文字。线段也不要画得太长或太短,只要跟上面要写的文字长度相同就好,这整张思维导图就会更加精练、精实。

正确示范:

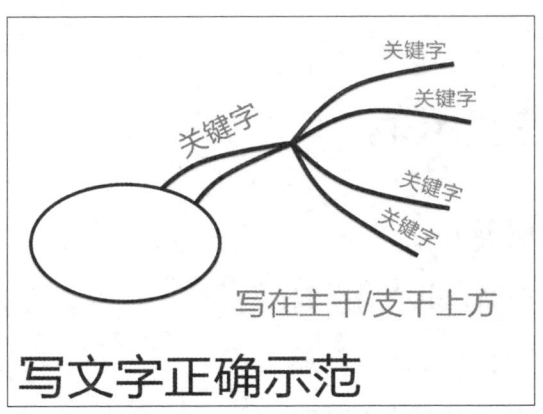

错误示范:

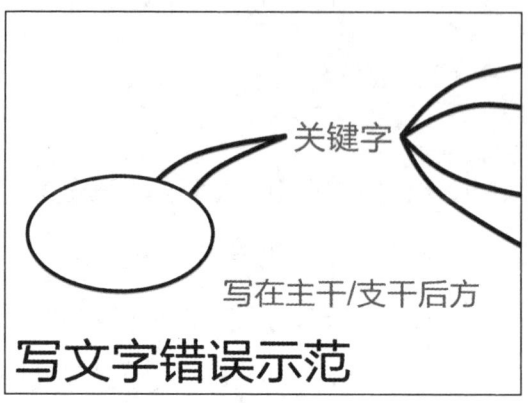

写文字错误示范

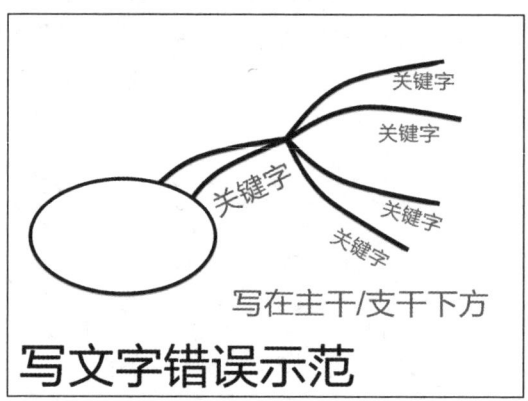

写文字错误示范

【赵老师小提醒】

· 绘制思维导图时,纸张要横放。

· 文字要写在线段上方。

· 要多练习主干／支干的正确画法。

让思维导图超容易画的简单分类与逻辑

每个人都有自己独特的分类天赋

思维导图法有一个非常重要的特色在于分类。什么是分类呢？分类就是把相类似的东西归纳在一类里面。我们生活当中存在着许许多多的分类，以至于我们能够直觉性决定很多分类系统。

例如，在幼儿园的时候，如果当老师问："各位同学，请问彩虹有几种颜色呢？"你会看到一群天真无邪的小朋友异口同声地说："七种。"老师会继续问："哪七种？"小朋友："红、橙、黄、绿、蓝、靛、紫。"

想请教大家，为什么我们会记得呢？应该我们也很难回答这个问题，但是我们就是不会忘记，一切的根本原因都在于分类。基本上，红橙黄绿蓝靛紫可以囊括所有颜色，可以当作颜色的一种基础大分类方法。再比如日常生活常见的垃圾分类也是，先粗分成一般垃圾与可回收垃圾，之后再做细分。

既然分类这么直觉了，为什么还要学习呢？因为过度依赖过往经验累积的分类还是会闹笑话的！在此分享一个我的好朋友在大陆讲课发生的趣事：借着到大陆讲课这个机会，他边上课边旅游，抵达某个观光景点时，因为内急要找厕所，一般台湾男厕是蓝色Logo，女厕是红色Logo，这位老兄因为太急，一看到蓝色就冲进去，结果引来尖叫声此起彼落，回神才惊觉自己不小心跑到女厕去了。会发生这样的趣事，正是因为过度依赖根深蒂固的分类观念。

觉得怪怪的，就是逻辑思考出错了

虽然这样说，但是很多同学没有完全信服这样的解释，那我从另外一个角度来解释吧。我觉得分类是一种包含的概念，就像在数学里面有一种概念叫做集合，就是类似的部分放在一起。举例来说，咖啡/蛋糕/饼干，我可以给它一个更大的集合来包含这些内容，像是下午茶，所以一想到下午茶，就会帮助我们联想这几个区块的内容。若是我再把钢铁侠加入下午茶的范围当中，是不是觉得很突兀呢？是的，钢铁侠应该要移到电影或是漫画类别才对。

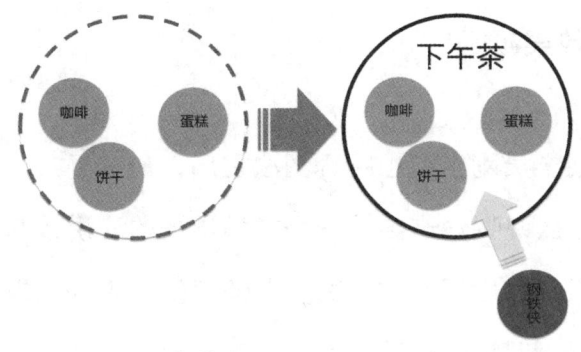

有些同学会说:"不会呀,钢铁侠放在下午茶里面不会很奇怪,你可以想象钢铁侠吃下午茶啊!"

我说:"那这样您主干的内容就要改成钢铁侠吃下午茶应该比较符合吧。如果下午茶的主干内容不调整,钢铁侠放在这里面就很突兀!"换句话说,集合也是一种阶层的概念,小集合所拥有的特征,大集合也一定都有。

举咖啡的例子来说,咖啡有很多种,咖啡的调和比例有拿铁、摩卡、黑咖啡、Espresso,而以豆子产地来分更是不胜枚举,所以每个集合,都能延伸包含更多的内容。思维导图分类真的可以发展出无穷无尽的内容,是一个非常好用的工具。

思维导图是给自己看的：分类分得越好，联想时间越少，记忆效果越好

我发现学员刚学完思维导图法之后，最容易产生困扰的就是分类。怎么说呢？这要从一个中学学校的演讲谈起。当天教完思维导图，最后下课时，很多老师都留下来问问题，有位陈老师很认真，但是感觉神色慌张。等到轮到她时，她就拿出来好几张思维导图来问我说："老师，每个人思考的逻辑都不尽相同，怎样的分类才是好的分类呢？我跟别人的思维导图分类不一样，你觉得哪一种分类比较好？"

我仔细阅读一看，发现这是同一份素材，但是思维导图法方式很不同，我就请教陈老师："我仔细看过了，整理得都很不错，很好奇你目前遇到的困难在哪里？"

陈老师说："其实我以前在其他单位也上过思维导图课，接触思维导图已经是第五个年头，所以基本概念我都了解，只是在分类上我依然有很大的障碍点，我发现每个分类都可以再做更详细的分类，像是下午茶里面包含有咖啡、饼干、蛋糕等内容，我也可以继续细分下午茶包含饮品类，如咖啡、茶、牛奶、碳酸饮料，而甜点蛋糕、饼

干、马卡龙等等，那我该分类分到什么样的程度才够呢？我问了很多人，都没有一个答案，我该怎么办？"

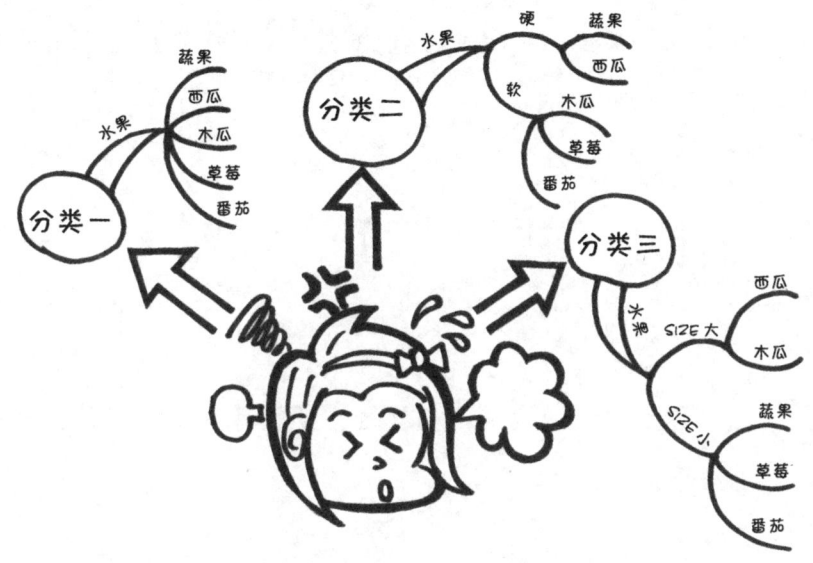

（类分得越好，联想时间越少，记忆效果越好）

我说："陈老师也别太沮丧，你也花了很多时间画这张图，通过不同角度来分类，我觉得都很棒，只是你觉得哪一张思维导图你最有感觉？"

陈老师："最有感觉？我不知道什么叫做'对思维导图有感觉'。"

我说："我换个方式请问您好了！你最直觉的方式会怎么分类呢？"

陈老师说："我最直觉的方式就是这张思维导图的分类。"

我说："这样很棒喔！那你就依照这张的逻辑做分类就好！"

陈老师惊讶地说："就这样分就可以了？那我其他张思维导图怎么办？"

我说："就当作是挑战自己和摆脱自我惯性思维的一种练习吧！你能做出这样的练习好棒喔！只是不要逼问自己哪一张比较好！因为这不是思维导图法的主轴，主轴应该是让我们生活得更有质量的好用工具之一，不要反而陷入工具内成为工具人而无法自拔。就用自己直觉的方式做思维导图，让自己沉浸在那样清楚的思绪当中，给自己多一些空间来沉淀，我相信你很快就能突破这个盲点，做出自己轻松又满意的思维导图！"

不管做何种分类,请记得我们做思维导图的初衷:能够帮助我们更有效率,所以只要自己看得明了,容易记得住,这就是一张很棒的思维导图。所以请大家记住一个原则:思维导图是给自己看的。类分得越好,联想时间越少,记忆效果越好。就我而言,我在不同时期阅读一样的素材时,都可能因心境跟学习状态的不同,而有不同的分类拆解方式,所以不用纠结于这样的问题。

我现在让大家做一个测验,请大家放下纸笔,只用眼睛和大脑,请拿出您的手机,并设定计时器!之后用一分钟的时间来记得这十五项内容:

1. 斑马   6. 棒球   11. 苹果
2. 乒乓球   7. 榴莲   12. 邮轮
3. 香蕉   8. 羽毛球   13. 猫咪
4. 飞机   9. 汽车   14. 莲雾
5. 老鹰   10. 篮球   15. 橄榄球

请把记得的内容默写下来,看看自己能够记得几个内容。通常大家记得的个数大约是5~10个左右,根据美国认知心理学家乔治·A.米勒(George A.Miller)1956年在 *The Psychological Review* 发表的文章,我们信息加工能力的局限是5~9个,也就是知名的7±2定律。基本上到现在也是符合这样的思考模式。你有没有发现刚刚记忆的内容再回想是不是印象模糊呢?虽然现在写下来了,但是这样硬背的方式,没过多久就会遗忘一大半。那我该怎么办呢?

请大家记住一句话:分类分得好,内容记得牢!那要怎么画思维导图来分类呢?

1.请各位可以拿出一张A4的空白纸横放。

2.在中间中心主题写上分类练习,然后画出四条主干。(若您分类超过或少于四条主干都没有问题,因为分类无好坏,只要自己能清楚明了就好!)

3.之后把十五项内容按就相近程度分类在支干当中,并填写主干名称。

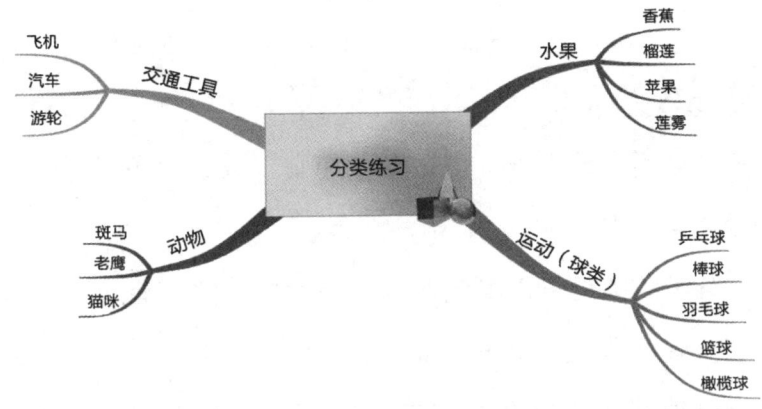

当分类完之后，我相信您也已经记起来了，不过这次跟之前强迫记下来的方式不同，你可以尝试看看，拿出一张纸重新把这十五项内容写下来，让自己用联想的方式来回想那十五项内容，是不是我们脑中第一个会出现的关键词是四个主干名称，像是动物，想到动物就马上联想到后面的支干，上面写着斑马、老鹰以及猫咪。主干想到交通工具，马上就会联想到飞机、汽车与邮轮，其他的依此类推。你会发现一项惊人事实，那就是自己原来可以很有效率且不费力气地把这十五项内容都记住！过去记不起来，很多时候只是想要把它背下来交差了事，这样多念几次也是效果不佳，不是记忆差，只是以前没有找到适合自己的联想记忆模式，如此而已。所以说如果能够记下这十五项内容，同样的方式，也可以适用于更加复杂的工作内容，只要分类清楚，就能够非常迅速地让自己记忆深刻。所以说：分类分得好，内容记得牢！

小技巧

1.分类不要分太细，谨记7±2原则，数量太多的时候，请务必分类再分类。

2.分类的关键词以简洁容易联想为主！像上面水果分类有香蕉、榴莲、苹果、莲雾，如果我们用界门纲目科属种来做分类，就会得到以下专业的答案，榴莲会变成锦葵科榴莲属，苹果则会写成蔷薇科苹果亚科苹果属，香蕉会变成芭蕉科芭蕉属，莲雾则会写成桃金娘科，你有没有觉得，明明只是四个水果而已，却让您瞬间脑筋大乱呢？所以一切以简洁容易联想为主！

练习题

1.请把以下这几种内容做分类，你会分成几大类呢？

1.太阳	6.咖啡	11.奶茶
2.iPad	7.森林	12.计算机
3.果汁	8.电视	13.月亮
4.鼠标	9.牛奶	14.U盘
5.瀑布	10.手机	15.绿茶

2.请问我们生活中还有哪些分类呢?

找不到关联性,就无法分类!背景知识越丰富,分类进行越顺利!

【赵老师小提醒】

不管做何种分类,请记得我们做思维导图的初衷:能够帮助我们更有效率,所以只要自己看得清楚,容易记得住,那就是一张很棒的思维导图。

善用思维导图关键词，让你省80%的时间

请问大家使用过这个网站吗？你肯定好奇我怎么会问这么简单的问题，当然有呀！Google，或是有人戏称为Google大神！

画面来源：https://www.google.com.tw

若您跟朋友约好在台北车站聚餐，朋友请您找餐厅，请问您会怎么查询Google？您可能会输入以下文字：台北车站_餐厅_推荐，大部分人都会输入台北车站_餐厅，就会出现很多餐厅选项可以挑选。我则会建议大家增加"推荐"两字，因为台

北车站附近的餐厅也有不好吃的店,若是80%~90%的网民推荐,基本上都是很不错的店家。那我想请教大家的是,我们刚刚输入的文字叫做什么呢?

画面来源:https://www.google.com.tw

关键词!没错,就是关键词!那我想请教各位:什么是关键词?我相信一定会有人觉得我在讲废话,你提到的这些大家都知道啊!好!那请解释一下什么是关键词。你会发现,有的人开始支支吾吾了起来,为什么呢?因为你觉得这基本到无法再更基本,就如同常识一般。关键词就是一眼看到就能够掌握与联想重要信息内容的文字,通常是名词与动词。为什么呢?因为名词加动词可以变成一个动作,一个行动。所有的事情都是一连串动作、行动堆叠累积出来的。举例来说,女生最喜欢男生对她说"我爱你"这三个字。"我"跟"你"是名词,"爱"是动词,所以这就组成一个行动/动作。输入查询Google对我们来说没有问题,但为什么整理大量信息时,我们时常找不到重点呢?是因为没有掌握抓重点、提取关键词的诀窍!

在了解抓重点的诀窍前,我们先来做个演练吧!以下是一段从Wikipedia找到的文字,有关全球变暖,总共275个字,请用30秒钟阅读完,并翻到下一页回答问题:

全球变暖(Global Warming)指的是在一段时间中,地球的大气和海洋因温室效应而造成温度上升的气候变化现象,而其所造成的效应称为全球变暖效应。

在20世纪时,全球接近地面的大气层温度平均上升了0.74摄氏度。普遍来说,科学界发现过去50年可观察的气候改变的速度是过去100年的两倍,因此推论该时期的气候改变是由人类活动所推动。二氧化碳和其他温室气体的含量不断增加,正是全球变暖的人为因素中主要部分。燃烧化石燃料、清理林木和耕作等都增强了温室效应。自1950年开始,太阳辐射的变化与火山活动所产生的变暖作用比人类所排放的温室气体还要低。这些结论得到30多个来自八大工业国家的研究团体所确认。

- 问题一：地球的大气和海洋因温室效应而造成温度上升，这一气候变化现象所造成的效应称之为？（全球变暖）

- 问题二：在20世纪时，全球接近地面的大气层温度平均上升了几度？（0.74摄氏度）

- 问题三：过去50年可观察的气候改变的速度是过去100年的几倍？（两倍）

- 问题四：由气候改变速度加快，推论出什么是主要原因？（人类活动）

这么短篇的文章，请问您有全对吗？（我统计下来全对的大概只有三分之一左右）你会不会心中出现一个想法：奇怪，为什么别人看到的重点，我却一点印象都没有呢？这就是因为没有掌握到抓重点的诀窍喔！

那什么样的内容才是重点呢？以下是我根据以前的阅读经验整理出来的抓住关键词的诀窍：

- **专有名词**：像是我经常接触的商业领域：Fintech、工业4.0、平台、Uber、Airbnb等，各个领域都有其专有名词，刚开始接触一定需要花费比较多的时间，但建议一定要深入了解名词定义，避免后面进行相关名词比较时混淆，反而花更多的时间阅读研习。其实有比较快的方式可以帮助我们积累背景知识，怎么做呢？每看到专有名词时，我脑中都会浮现五个问题：

1. 这是什么？
2. 为什么会产生？
3. 这有什么用处？
4. 这要如何运作呢？
5. 这会产生什么冲击？

这几个问题看似简单，基本上也包含了"Why、How、What"等最关键的议题，以及有什么用处与冲击等延伸性问题，回答完这几个问题，大概就能了解七八成左右的内容。

- **人事时地物**：如果是阅读历史，人事时地物都是很重要的。
- **计算单位**：单位出现一定要多多留意。举例来说：大家以前小时候一定都有过这样的经验，小明身高150厘米，小华身高180厘米，请问小华比小明高多少厘米？很多人会写30厘米还是0.3米呢？所以，请务必要多多留意单位换算！
- **有比较意涵**：像比大小或比高低，都是要留意的部分。

我们用思维导图整理是要让自己更有效率吸收，过程中的转折词跟关联词等不会影响我们了解内容的文字，可以忽略不看，但是逻辑关系还是要以能够判断为原则，并直指核心重点。关键词原则相信还记得，只是下次做思维导图时，问问自己：如果这些文字不放进去，会对我的理解程度产生影响吗？

如果会，请选择关键词加入思维导图。那如果不会呢，就毅然决然删除，不放进思维导图，说明这个在你理解当中不是重点！这样你的思维导图才会记忆深刻，因为写进去的内容都是跟你思考模式有共鸣的内容，如果之后还要修改，就再随时补充进去就好，别要求自己一定要一步到位，思维导图可以容许很多次修改调整，弹性相当大。

以上篇《全球变暖》的文章为例，依照刚刚的关键词原则，我画底线的部分就是我认为的重点，再次强调，重点会因为个人经验而有所改变，当然您也可以选择属于自己的关键词，重点是自己容易记得才是最关键的！

<u>全球变暖</u>(Global Warming)指的是在一段时间中，<u>地球的大气和海洋</u>因<u>温室</u>效应而造成<u>温度上升</u>的气候变化现象，而其所造成的效应称为<u>全球变暖效应</u>。

在<u>20世纪</u>时，全球平均接近地面的大气层温度上升了<u>0.74摄氏度</u>。普遍来说，科学界发现<u>过去50年可观察</u>的<u>气候改变的</u>

速度是过去100年的两倍，因此推论该时期的气候改变是由<u>人类活动</u>所推动。二氧化碳和其他<u>温室气体</u>的含量不断增加，正是全球变暖的人为因素中主要部分。<u>燃烧化石燃料</u>、<u>清理林木和耕作</u>等等都增强了温室效应。自从<u>1950</u>年，太阳辐射的变化与<u>火山活动</u>所产生的变暖作用比人类所排放的温室气体的还要低。这些结论得到30多个来自八大工业国家的研究团体所确认。

　　圈选起来之后，就可以做成以下的思维导图，这样的思维导图笔记大约才50~60个字，比原先275个字的内容少了许多，同一时间里面可以复习的次数又更多了，当然也能够更加熟悉内容，思维导图真是太神奇的工具了。

　　当然如果你忘了带笔记本，文章中也是可以做思维导图的，怎么做呢？我一样用这篇文章来示范。假设您已经看完这段文字，并做了相关重点如下：

　　<u>全球变暖(Global Warming)</u>指的是在一段时间中，<u>地球的大气和海洋</u>因<u>温室效应</u>而造成温度上升的气候变化现象，而其所造成的效应称为<u>全球变暖效应</u>。

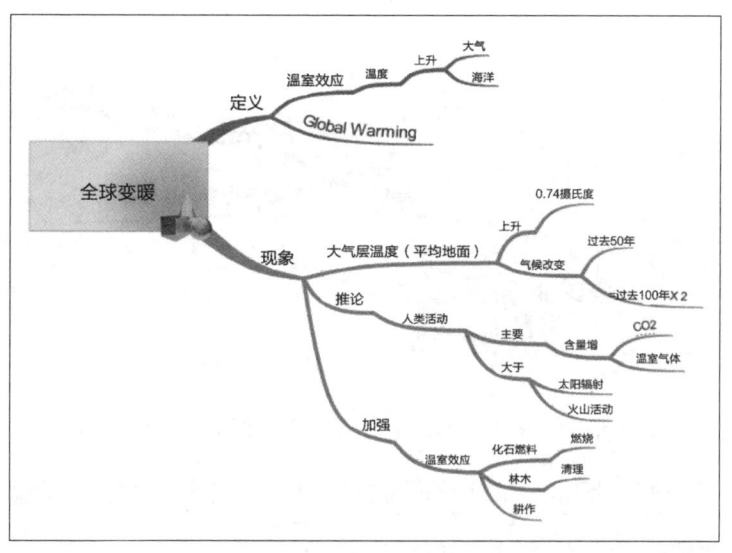

接下来就问问自己:这段文章最主要的关键词是哪一个?我判断是全球变暖,我就把全球变暖圈起来如下:

<u>全球变暖</u>(Global Warming)指的是在一段时间中,<u>地球</u>的<u>大气</u>和<u>海洋</u>因<u>温室效应</u>而造成<u>温度上升</u>的气候变化现象,而其所造成的效应称为<u>全球变暖效应</u>。

接下来,我就用这个词当作中心主题开始画迷你思维导图,就会出现以下的模式,之后把迷你思维导图的笔记汇整起来,就是一张完整的思维导图了!这样化整为零的做法,我非常推荐大家使用喔!

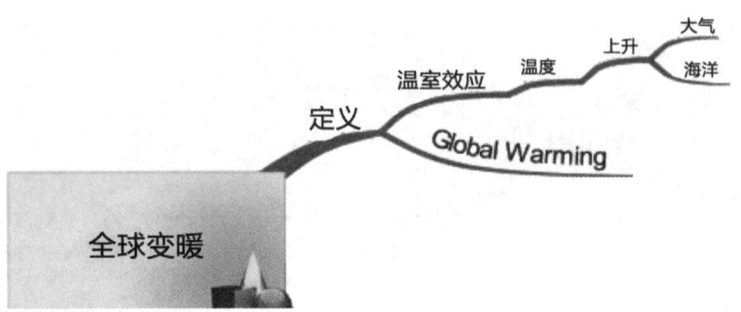

全球变暖(Global Warming)指的是在一段时间中,地球的大气和海洋因温室效应而造成温度上升的气候变化现象,而其所造成的效应称为全球变暖效应。

小技巧

1.关键词以名词与动词为主。

2.关键词要找以下四种:专有名词、人事时地物、计算单位、有比较意涵。

练习题

辅助图案	关键词	文章描述
		1.地球上的水以液态、气态及固态散布在各处。
		2.天气预报的项目包含了当日天气预报、一周天气预报，也有因应特殊需求的预报项目，像是渔业气象预报、全球各主要都市天气预报等。
		3.癌症的病兆有(1)肿块：癌症最主要的表现，但有时并不会出现疼痛或不适的感觉。(2)溃疡或出血：组织不断地受到破坏及慢性发炎所导致。(3)阻塞：腔道变窄而产生的症状或是邻近器官或组织因不当的增生而产生压迫的感觉。
		4.贝壳大约有十三万种不同的类型。
		5.对鸿海的客户来说，鸿海在中国以外的地区设厂绝对大有好处：降低运输成本、避免进口税、加快订单周转时间。"我们的目的是服务客户，所以最后的组装流程必须采取全球化的布局"，鸿海的一位欧洲主管对《金融时报》解释。

【赵老师小提醒】

我们用思维导图整理是要让自己更有效率吸收，过程中的转折词跟关联词等不会影响我们了解内容的文字，可以忽略不看，但是逻辑关系还是要以能够判断为原则，并直指核心重点。

全部都是重点等于没有重点

说到关键词，让我想起一个小故事：在一次企业培训课程当中，有一位四十几岁的学员，我称呼他为许大哥，下课休息时他来问我问题。

许大哥："老师，我用思维导图整理笔记，怎么觉得我花了很多时间却没有收到成效？"

我回："你可以说明你是怎么操作的吗？"

许大哥："我就是把一篇文章所有内容用思维导图法拆解开，但是常常困在连接词当中，一句话常常不知道怎么继续下去，常常不知道连接词该放在思维导图法的哪个部分，是该放在主干后面，还是该放在专有名词解释之后？光思考这个问题，就花了很多时间，那该怎么用才能有所突破呢？"

我惊讶地回应:"哇!你这样用一定会很耗费时间喔!方便借我一支铅笔吗?我来示范给你看!请问这方便让我圈选跟你说明吗?铅笔写后还可以擦掉,不会破坏你的宝贵笔记。"

许大哥:"有的有的!老师请用!"许大哥从外套口袋快速拿出一支笔。

我随即阅读该篇文章,圈出关键词,然后邀许大哥加入练习。

我说:"现在请你看这几个我圈出来的文字,快速浏览一次,看完请让我知道。"许大哥很快速看完并向我点头示意。

我请教说:"请问这样快速看完,会影响到你对于内容的了解吗?"

许大哥摇摇头说:"不会。"

我接着问:"那你觉得我圈选的内容,有大致涵盖这段的主旨吗?"

许大哥说:"有呀,很清楚。"

我接着问:"很清楚对吧。那想请问你为什么你写这么多内容呢?"

许大哥说:"这个喔,我想说全部内容都放进去思维导图当中,这样我就不用再看书,只是好像花了很多力气,也没有让我更加轻松容易懂。"

我说:"听起来,你很担心会遗漏掉任何一段是吗?"

许大哥说:"对呀,我担心没有看到应该看的内容,觉得要做就要做好!只是无奈时间总是不够用,常常被事情与时间追着跑,有时会觉得很累!"

我说:"辛苦你了!许大哥,你的心情我很理解!很多事情确实需要用心做好!这点值得肯定!只是还是要请问你,觉得我圈选的内容跟你整理的有什么不同?"

许大哥说:"老师的精简很多,我的笔记……很多赘字。"

我回答说:"赘字喔,其实增加的不是赘字,而是你心里面的不安全感。之前学过如何抓住关键词,对吧?"

许大哥说:"学过,老师教过,只是……我做起来卡卡的,最后还是决定全部都放上去。"

我回答说:"我明白了!这样看起来,你在时间运用上遇到的最大困难,是你希望一次到位以及你抓关键词的观念不太一样,又无法排除心中的不安全感造成的!想请问你一个问题:全部都是重点等于……?"

许大哥接着回答:"没有重点!"

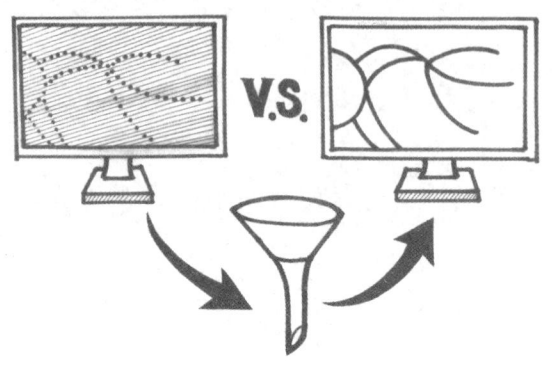

我微笑地说："对呀！没有重点！我举个例子好了，你平常看电视，会不会觉得有噪声时会很讨厌？（许大哥点头）那就对了！关键词就像是滤波器，让你把重点留下，而不必要的噪声则让它消失得无影无踪。你很用心这点是绝对要肯定的，只是方法上需要稍微调整一下。关键词能够帮助我们联想到后面的内容，不用记忆太多不必要的讯息，这样可以让大脑运作得更加有效率。但因文章一般都是写给读者阅读的，因为无法面对面交流，所以作者会用很多描述方式，确保读者能够通过阅读了解内容。"

以下是整篇文章通读跟选取关键词之后阅读的比较。

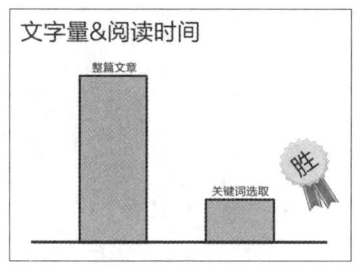 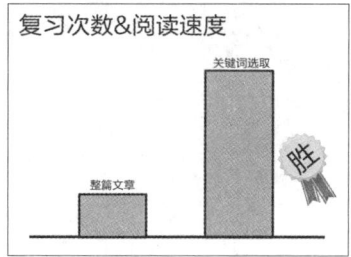

【赵老师小提醒】

找出文章中的关键词,将重点绘成思维导图,关键词就像是滤波器,让你把重点留下,而不必要的噪声则让它消失得无影无踪。

第二章

把握好节奏，
一步一步把工作规划好

思维导图让专案规划及管理简单有效率

你在工作中遇过这些问题吗？

·项目工作延宕却苦无有效率的解决方法？

·年度预算被老板砍一半，但是绩效要保持，这些项目又该怎么进行呢？

·产品做完交给客户后，才发现规格不对，被客户责备后，赶紧回来召集团队紧急修正，过程耗时又费力？

遇到这些问题时，只要使用项目管理就能够大幅度降低面临这样窘迫情况的概率。那读到这里你心中一定有一些疑惑：

·什么是项目管理？

·我怎么把项目管理观念应用于我的工作中？

·项目管理对于一般人有什么用处呢？

根据《项目管理知识体系导读指南(PMBOK Guide)》一书的解释，项目是一种用暂时性的努力创造出一项独特产品、服务、结果……这样听起来很复杂，其实生活中只要有明确的开始、结束时间以及产生结果的事件，几乎都可以当作项目。举例而言，担任非营利组织志愿者、出国自助旅游、帮家人办生日晚会、男生服兵役等都是项目。

那项目管理又是什么呢？项目管理就是运用各种项目涉及的知识领域方法，以相对有架构、有方法的方式来规划并且执行项目，并在过程中不断监督，希望能够达到项目初期设立的目标。简单地说：就是用任何方法，只要能在预算内且规格测试通过的前提下完成项目都是好项目。

简单来说，项目就像一段新旅程，我们目前所在的地方是起点，项目目标是终点。若我现在要从起点到终点，请问我有什么方式可以到达终点呢？

你会发现有好多种方法都可以完成起点到终点的过程，而项目管理就是辅助你分析在这么多种方法之中，哪个才是适合你的途径。

（项目管理就像两个点：一个是起点，一个是终点，从起点到终点，请问我有什么方式可以到达。）

思维导图法是项目规划的必备工具

以前我做项目的时候，就是仰赖脑袋直觉思考，想到哪里就做到哪里，没有通盘的规划，而项目执行过程中常会遇到许多突发状况，虽然最后总能靠平时练就的利落手腕惊险完成任务，但过程总是带着侥幸，并没有花太多心思放在如何精进自我能力上。直到某一次项目搞砸了，才深刻反省自己以前过分依赖自我本身的记忆力与执行力，遇到突发事件时就会造成致命疏忽。脑中就出现陈怡安教授所说的一句话："人生不能活得粗枝大叶。"这个声音深深地敲叩我的内心。因此，我就深度思考一个问题：那我该用哪些工具帮助我改变这一现状呢？

·记事本？我写下来，没有整理还是杂乱无章。

·Excel表格？我尝试后发现容易陷入内容细节而忘记项目全貌。

那我该怎么办才好呢？我发现思维导图在项目规划上真的帮了大忙，因为思维导图能给我们一种新思维框架，并把想法激发出来，之后再分类整理厘清项目脉络，进而达到效率化。同样，项目要能够进行下去，并成功取得成果，也是不容易的事情。项目管理执行时最常遇到以下两种问题：

·项目工作定义不清：规划时没有想清楚，执行后出现很多新增或是变更内容，导致耽误时程。项目工作定义是项目规划最重要的事，项目最困难的地方就是要让所有项目成员达成共识，刚开始以为都知道，结果到后来才赫然发现有些事没有定义规划清楚，导致没有人做，之后才开始启动紧急计划，耗时又费工，精神也紧张，对团队也会造成某程度的损耗。

·时程规划太过乐观：很多时候估算一个项目需要花多久时间都是靠感觉去判断，只考虑项目内的工作内容，没有考虑其他突发状况或自身的额外工作需要完成，在估算时间时过于乐观，没有安排任何缓冲时间，以至于规划的项目形成太紧凑，需要以"120%的努力与高效"才能达到目标，这样的项目将使工作团队非常容易过劳，反而工作效率降低，造成项目进度落后。

那要怎么做呢？

总结这几年做项目的心得，我用三个字来简单总结项目管理：拆、排、照。

- 拆：拆解工作。
- 排：排序时程。
- 照：照表操课。

以下我对这三个字一一说明：

- 拆（拆解工作）：我认为规划项目最精髓的一个字就是拆！我从小就是周星驰先生的影迷，他所执导的电影《功夫》里面有一个角色叫作火云邪神，是由知名武打明星梁小龙先生饰演，梁小龙先生在戏中讲过一句经典对白：天下武功，唯快不破！我稍微调整这句台词：天下项目，唯拆不破。只要你能够把项目拆解清楚，基本上也就能掌握所有工作流程与顺序了。在项目规划的过程中，我们可以利用思维导图法的分类与关键词概念，让自己聚焦于单一项目，并利用水平思考和垂直思考联想更多细节，以便让我们自己做更加全面的通盘考虑，以降低工作事项遗漏概率。

・排（排序时程）：就如同前面所说，为避免项目团队过劳以及为行程增加弹性，请务必在安排项目工作时程中增加缓冲时间，大约是增加最乐观情况的10%～15%的时间。

・照（照表操课）：项目能照表操课完成，这是极为难得的。项目执行过程中波折不断才是项目的常态。只是也别气馁，因为事在人为，最重要的是项目经理要有坚定信念与绝对执行力，才能带领团队走出混乱，完成任务。

我该从哪些方面开始思考项目呢？

如果您无从下手，不妨先找一个参照系。在此我将常见项目需要构思的内容，做成思维导图模板提供给大家操作使用。在这张思维导图模板当中，对项目缘起如果了解清楚，基本上可以大幅度帮助我们确认方向。我认为由知名作家Simon Sinek所提到的黄金圈理论非常简单易懂，也是项目构想的根本所在。而黄金圈理论是指从Why/What/How三个方面开始思考。首先你要清楚了解并掌握：

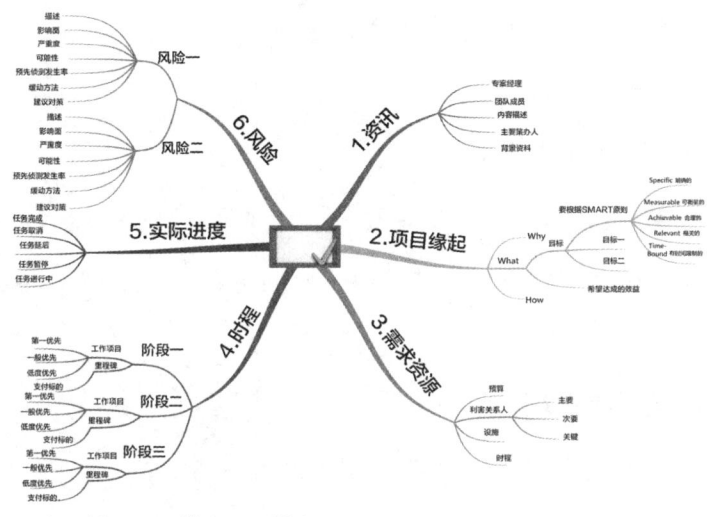

（项目管理思维导图模板）

Why：

- 为什么要做这个项目？

- 做这项目的意义是什么？

- 为什么会发生这事情呢？什么样的因素造成的呢？

What：

- 效益是什么？

- 项目工作有哪些？

- 有什么资源？

How：

·我将用什么方法解决？

·可能遇到什么问题？

·将要如何克服？

如果都思考清楚，项目就有了一个非常棒的开始，失败的比例就大幅度地降低。

赵老师小提醒：

·三个字来简单总结项目管理：拆、排、照。

·拆（拆解工作）：Why/What/How。

·排（排序时程）：增加缓冲时间。

·照（照表操课）：坚定信心＋执行确实。

思维导图帮助厘清与解决问题零障碍

有个例子我一直印象深刻,几年前某天上午同事阿佳突然慌张地跟我说,下午有场对外读书会需要我去帮忙。我询问了为什么这么突然,负责同仁面有难色地说他不小心把时间记错了,主讲者今天无法前来。我当然责备了他一顿,但看他也知道错了,而且也希望赶紧补救的份儿上,我答应帮阿佳渡过这次演讲难关,只是原本悠闲照着计划安排工作进度的踏实心情,瞬间转为空袭警报。

我简单询问了一下这本书内容,以及要谈的主题是什么,粗算一下到下午演讲开始,我有四小时的准备时间,读书会需要讲一个小时,还好有相关投影片可以提供。于是,我就用极快速方式,把那本书在一个半小时之内快速浏览过一次,并把自己认为是重点的关键词与页数都用思维导图简略写下来,之后我就把书本给盖起来,问问自己:

·这本书要谈论的主题是?

- 重点有几项？
- 里面有哪些案例适合跟大学生分享？
- 这次读书会希望大家结束后能够带走什么？

当这几个问题自己都能顺利回答，表示应该大致掌握书中内容后，我就在第二个小时当中，重新用思维导图法把我对这些内容的理解进行解构与诠释。

第三个小时就开始要进入制作投影片了，还好主讲者提供了详细的投影片，节省了我很多的时间，就把20％与该位主讲者不同的内容补充进投影片，之后调整为我的顺序，当然简报画面有些不一致的地方，我也快速微调成个人简报风格，更换母片模板、颜色、字型等，加入适合的图片。最重要的是要调整成我说话分享适合的节奏，这是最需要练习的。

当做到这步时，还剩下七十分钟就要开始演讲了，我就借了一间会议室，让自己练习待会儿要讲的结构内容，有哪些地方讲得不顺畅的，赶紧马上调整，终于在读书会开始前十分钟调整好教材，也练习了五六次，这时我才能够比较有信心地上场了，还好救援成功，演讲顺利圆满。当然过程中不免有一些小瑕疵，但是阿佳已经十分感激，这是令我印象深刻的一次救火经验。

（思维导图法画出四个主干，分别是What、Why、Impact和How to do。）

用思维导图来解决问题可以依循以下步骤：

1.先用What/Why两个主干去挖掘问题，之后再用Impact/How to do来找寻答案。因此，就目前自己了解的情况，把大脑所知道的内容与联想到的内容都一并用关键词写进思维导图当中。

2.问问自己：如果按原先提出来的行动方案执行，真的能够达到设定目标吗？通常还是会有不足之处，而弥补这个不足之处则要搜集更多的数据，此时可以上网查询、阅读专业书籍或是请教资深同仁，或与第一线同仁一起讨论，使思维导图方案更加完整。

3.检视过往方法，并评估旧方法执行效益，且同步思考是否有更加崭新与更有效果的方式。

4.基本架构完成，邀请主管或资深同仁讨论思维导图问题解决方案，确认方向正确后，才开始制作正式方案书与报告投影片，以节省宝贵时间。

【赵老师小提醒】

用思维导图来解决问题时，一定要在心中存有几个围绕着问题意识的重要观念：

Why：

・我为什么做这件事情？

What：

・我要做些什么？

・我的目标是什么？

・我在意哪些问题？

・我们希望搜集哪些信息？

・可以如何分类？

How：

・我该如何做才能达成？

Impact：

・实施方案会造成什么样的正面影响或负面影响？程度如何？

思维导图协助你做简报超有效

简报（借助投影的方法把文字、图片展示在屏幕上）的重点是讲到听众的心坎里，否则就无效，而要能讲到听众的心坎里，首先就要掌握该简报的精髓，那就是关键词的掌握！而思维导图正是检视简报架构的好帮手喔！让你知道该怎么掌握简报的内容与节奏。

而在做简报前，首先要进行心态调整：
- 我有能力做好简报！
- 我会抱持开放心态！
- 我准备的内容有价值！
- 简报是为听众设计！

最重要的一句话是：简报是为听众设计的。如果在一场简报里面，听众听完没有收获或是没有行动，这是无效的简报。

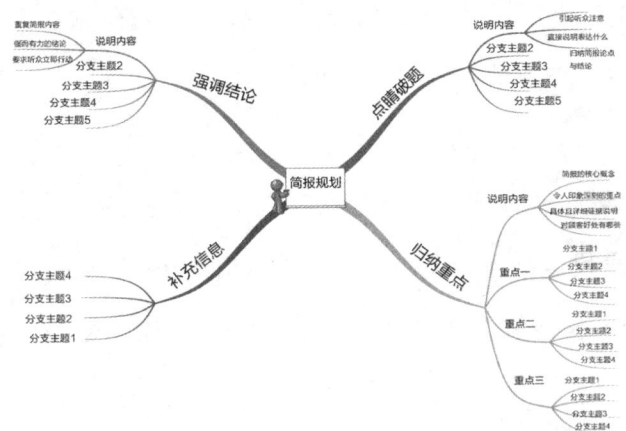

（简报规划模板，列出四大分支：点睛破题、归纳重点、强调结论、补充信息）

不浪费客户时间的有效简报

想请教一个问题：你是只谈你想知道的？还是客户想听的？

之前在某集团服务时，我也负责电话部门薪酬设计，这是一段很难得的经历。电话营销是一个需要高抗压能力的职业，一天八小时每一位同仁大概都需要拨打500~600次电话，但是拒绝率超过九成，也就是一天会收到400多次拒绝电话，对于行销同仁的挫败感可想而知，因此流动率也高。如何让接到电话的潜在客户在拨通电话后30~60秒内的时间聆听，就必须要能说出顾客想听的内容,这样才能有机会提高潜在顾客的通话时间,才能进一步达成销售,提升业绩。

我知道自己天分不佳,唯有练习和准备是我的强项,简报该犯的错误我也几乎都犯过,正因为如此,久病成良医,我分享自己快速准备简报的方式,提供给您参考。您做好准备了吗?

步骤一:站在听众角度去思考简报

·**为何做简报(Why)**:一定要知道自己为何做简报,如果连自己都搞不清楚,这样的简报想要成功比登天还难。

·**简报目的(Purpose)**:要清楚自己这份简报是要说服听众什么。比如,招商简报希望台下听众听完后,觉得这个计划很好,他想把钱投资在此,这是有愿景可期的。

·**简报对象(Target Audience)**:简报对象有数百种,就要针对对象做出相关内容加以调整。

·**简报时间(Time)**:时间,永远是简报最大的限制。如何在一定的时间之内不仅只把该讲的内容讲完,还要让听众听完后有所认同，有所收获，进而有所行动，这就是简报的难度所在。

步骤二：确认 / 调整内容使逻辑顺畅

· 原则就是由浅入深，由大范围到小范围，从宏观到微观。这个步骤是要确认课程有效，并且结构清晰，另外还要符合起承转合。

步骤三：加入多元的教学法 + 有趣的梗

· 加入教学法不仅是为了要让课程节奏更加精实，也是为了让学员学习效果更好。通常一整天的学习，就算再认真的同学也有疲倦恍神的时候，这时候若能安排一些有趣的梗，这样不仅能活跃上课气氛，更可以加深学员记忆。

步骤四：练习！修正！练习！修正！再练习！再修正！

· 简报没有经过练习就上场，我也尝试过，当然下场可想而知。也曾在内心想象演练过，但效果还是有一定差距的。真的还是要老老实实地把每一个过程都捋过，没有人帮忙听，那就用手机录音下来一一播放给自己听，看哪里听起来不顺或是语焉不详的，都一一认真做修改。

【赵老师小提醒】

简报规划的四步骤:

1.站在听众角度去思考简报;

2.确认/调整内容使逻辑顺畅;

3.加入多元的教学法＋有趣的梗;

4.练习！修正！练习！修正！再练习！再修正！

思维导图法提升工作效率与团队协作

思维导图法可以让自己工作效率提高，因为只有自己工作效率提高，才能够对整个团队有更多的帮助。基本上，提高自己工作效率的原则没有错，但是还是会遇到并没有因为个人工作效率高而增加整个团队的效率的情况。

不知道大家是否还记得和尚喝水的故事。故事开头是这样的，高山寺庙里面住着一位和尚，当寺庙内没有水的时候，他就自己下山挑水。之后又有一位和尚住进来，遇到要喝水的时候，为求公平，就决定两人用扁担一起下山抬水。没过多久又有一位和尚入住，遇到没水了谁要去挑水呢？抬水最多只要两个人，大家你看我我看你，没有人去，所以到最后大家都没有水可以喝，这就是"一个和尚挑水喝，两个和尚抬水喝，三个和尚没水喝"的故事，相信大家都耳熟能详。

团体本来就不容易沟通，而人与人的协力合作本可以产生一加一大于等于二的效果，但人的思维是很复杂的系统，如果缺乏有效的沟通工具，就会造成一加一小于二的情形屡屡发生，因此需通过思维导图简化、明朗化沟通历程。

阅读过商周社出版的《这样表达，再复杂也能一听就懂》一书，我有更深的感触。多数人在进行跨部门沟通的时候，绝对不是让人懂不了，而是缺乏让人懂的解说。每个人都会讲解，但讲得好的人少之又少！

要记得，在团队协作中，利人等于利己，利用思维导图表沟通分享，互相检讨砥砺，只有好处没有坏处，团体战斗力大幅度增加，工作起来也会更加轻松。我们可以通过说明，降低理解这些事情的成本，进而吸引人们在未来关注这些议题。如果我们能学会解释一件事，就能多出好几倍的机会。

而工作上最常需要沟通的场合就是会议中。所以，在会议中利用思维导图窗体分享时，我们应该要运用思维导图来把下面的六个元素加以强化：

1.共识：会议一开始快速厘清彼此想法，并且秉持"追求共识，尊重差异"的原则来沟通。简单说，要先有共识，才能一起共事。

2.关联性：这件事，关我什么事？一定要把对方在意的点说明，这样才不会有事不关己的态度产生。

3.发生过的事件：把事实/信息包在情境里说明，让与会者容易对于整件事情的来龙去脉有全面性的了解。

4.连结：和大家已经懂的东西扯上边，让对方认为彼此在同一阵营，信任就会让沟通顺畅许多。

5.叙述：对内行人，就要单刀切入讲重点，提升沟通效率与专业度。

6.结论：务必要有结论和行动方案，千万不要议而不决。

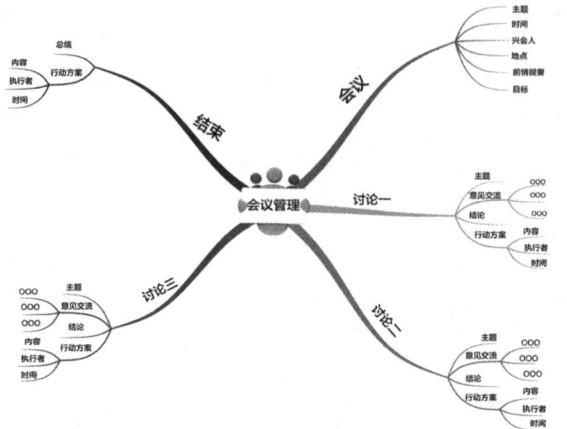

(会议管理模板,利用讨论方向,做出追踪管理)

【赵老师小技巧】

・要先有共识,才能共事。

・注意会议的六种元素:

1.共识

2.关联性

3.发生过的事件

4.连结

5.叙述

6.结论

思维导图让你更容易有创意构想

美国著名化学家莱纳斯·鲍林(Linus Pauling)就是创意构想的个中翘楚。有一次记者访问他说:"鲍林先生,您有这么多很棒的想法,能不能跟我们分享您的秘诀呢?"

鲍林先生谦逊地说:"产生好点子的途径是先产生许多点子,再把不好的点子剔除。"多简单的一句话,但是我们如何开始做这样的构想?我们在脑力激荡时,会不会有很多内心的小声音出现呢?

譬如说,"我这个主意会不会太幼稚了呢?""我这个想法太可笑了吧?""这真的可行吗?""不行不行,这根本行不通!""我再观察看看"等。

大发散式思维法是所有跟我们要构想主题直接相关的内容。举例来说,我看到《精灵宝可梦》,我就联想到《精灵宝可梦》内容：皮卡丘、App、北投公园、罚单、游戏、任天堂、日本、世界、潮流、新闻等词汇。

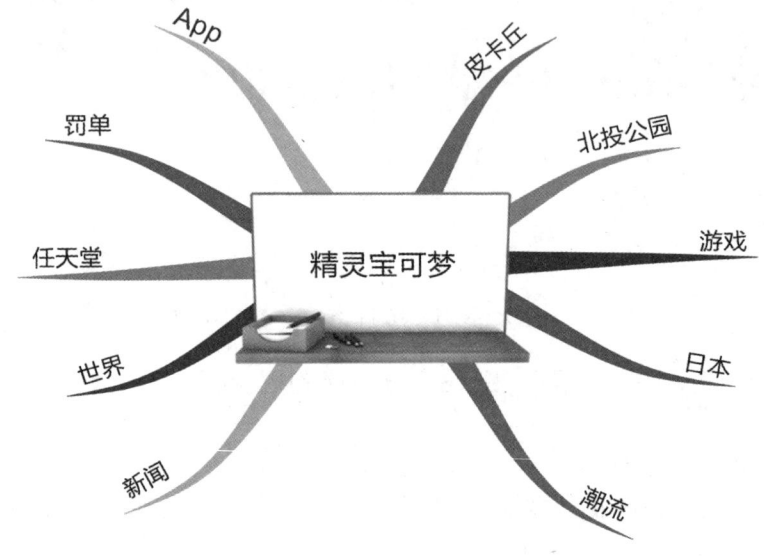

水平思考范例（《精灵宝可梦》-1）

再举例来说：我现在想要写一份时间管理的课程教案，看到"时间管理"这个中心主题，我马上就会联想到主干的内容，像是"为什么要做时间管理？""为什么时间管理做不好？原因是什么？""时间管理理论有哪些？""时间管理的步骤？""有什么实体/数字工具可以帮助我吗？"

基本上就会先写出这几个主干，觉得主干写得差不多时，就开始利用垂直思考法。垂直思考法就是由前一个文字联想后

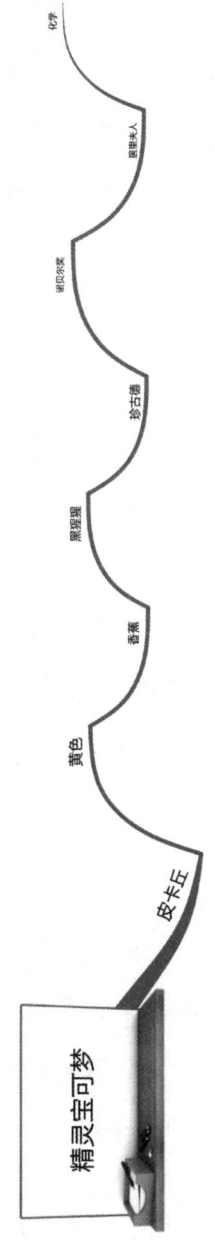

水平思考范例(《精灵宝可梦》-2)

续内容，简单来说，可以想成依照主干联想支干细节内容。举例来说，我看到《精灵宝可梦》，我就联想到《精灵宝可梦》内容：皮卡丘、黄色、香蕉、黑猩猩、珍古德、诺贝尔奖、居里夫人、化学……这些区块每个主干都写出10~15个关键词，先不管排序，想到什么就写什么，之后才做分类整理。基本上20分钟就可以写出来一篇很不错的课程架构，通常有七八成内容可以在联想中完成。

当然，这样还不足够，我还会上网查询目前时间管理相关教材，来检视并确认自己规划课程的方向，以及筛选出目前大家最关注的议题是什么，以及目前最好用的时间管理工具又是哪些。时间管理专家常用的软件有Evernote、Google、Keep、Trello等，刚好趁机学习新事物，我觉得时常抱持着这样空杯的心态去做事情，每一次都会有新的体验与收获！

【赵老师小技巧】

1.水平思考法：所有跟我们要构想主题直接相关的内容。

2.垂直思考法：由前一个关键文字联想后续内容，简单来说，可以想成依照主干联想支干细节内容。

【赵老师小练习】

请用"钢铁侠"做水平思考和垂直思考,各写出15个项目。

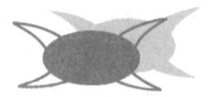

练习思维导图也是练习不设限的人生

过去在创意的联想中，很多人会利用写在小纸条上的方式，或是随时条列下来的方式规划，天马行空是最适合在思维导图学习初期运用，一开始不需要精准到位，练习思维导图也是练习不设限的人生。

在上思维导图法课的时候，下课后学员很紧张地跑来问我问题："老师，我每次用思维导图都觉得脑袋卡住，看着思维导图的主干关键词发呆，我该怎么做比较好呢？"

我说："你看着发呆的时候，你脑中浮现出什么想法呢？可以告诉我吗？"

学生说："我不知道！我就一直觉得我想出来的答案都不够好，迟迟不敢下笔！"

我回:"这样呀,所以你是不敢下笔喽,但是脑中还是有很多想法,对吧?"

学生点头如捣蒜:"对!我脑中很多想法,就很像'满天都金条,要抓没半条'(闽南语),其实我很疑惑不知道该怎么办,赶紧趁下课来请教老师。"

我说:"那我请你帮我一个忙好吗?下次啊,脑中有想法就先写下来,不管你想到什么,也不要管答案好坏、合不合理,就只管写下来,写到脑中出现重复的词或是写下来的关键词已经达到30个以上,这时可以暂时停止。"

学生疑惑地问:"就这样吗?这样做就可以了吗?"

我说:"刚刚与你的对话当中,我发现你很在意答案的正确性与有效性,只是在进行脑力激荡(Brainstorming,也有另一个称呼为头脑风暴)时,要先有一定数量的想法之后,才能从中筛选出质量很不错的想法,所以要先求量,才有质。"

学生沉默了。

我笑着说:"我从你的表情看来还是很困惑,这样好了,那我们现在来一起做一个游戏,我讲一个关键词,你要能够在两秒钟内根据我讲的关键词联想到下一个关键词,等你讲完我也会从你的关键词联想出其他,我说一二三就开始了!"

我:"一!二!三!微博!"

学生:"网络。"

我马上反应:"计算机。"

学生:"鼠标。"

我:"乔布斯。"

学生:"癌症。"

我:"开刀。"

学生:"光头。"

我:"方丈。"

学生:"少林寺。"

我:"方世玉。"

学生:"李连杰。"

我:"黄飞鸿。"

……

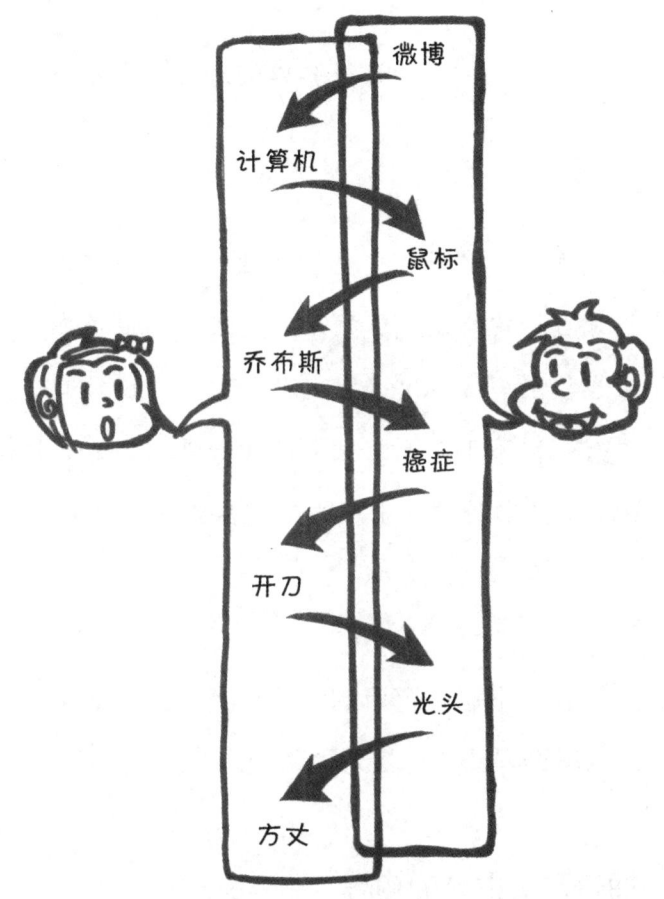

（头脑风暴，建立关键词互动引起脑力激荡）

　　就这样一来一往我们每个人都讲了超过30~40个词语，越来越多学员感到好奇，不断往我们这边靠近。

练习完之后,我说:"那你现在有什么感觉?"

学生说:"我觉得脑袋很清晰,也不会卡卡的,好神奇!"

我说:"下次你再尝试看看吧,一个人的时候也不要批评自己的想法不够好,而是在写完很多内容的时候,要给自己更多的肯定,肯定自己的努力以及有这么多的创意联想。这不正是非常值得鼓励的吗?经过多次练习,慢慢地,好质量的想法出现的比例就会越来越高了!加油!"

之后我也把这段宝贵的对话与当天全部的学员分享,教大家如何用思维导图进行脑力激荡。

拥有改变世界的构想

在天下杂志出版的《二十岁就要懂企划》一书中提到,要想出十个点子,至少要交出一百个。构思的创意数量需超出上司预期的十倍,总有一天,这些惊人的数量都会反映在令人惊艳的质量上!我的恩师杨田林老师常常提醒我们:"举重若轻"，当我们平常就有训练，就算在轻松自在地闲谈中，也可以激发出绝妙灵感。

此外，在我的生活经验中，想要训练策划构想能力，地铁便是最好的教室。能够从一行文案，自行联想到一百项事物，这就是策划能力。事实上没有所谓运气好或运气不好；只有运气好和实力够不够，常常运用脑袋练习，才能产生实力累积的正向循环。

赵老师小提醒：
· 脑力激荡：先求有，再求量，后求质。

用思维导图管理时间超方便

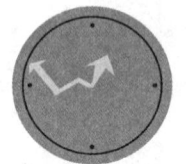

请你思考一下：您是怎么开始每个星期一的工作的呢？以下是我生命中的一个真实案例。

周一早上送完太太上班后，赶往内湖去工作，结果时常碰到早高峰时刻而堵在车阵当中，抵达办公室九点左右，接着开启计算机，启动Outlook收信，来回顾上周五到本周一到底发生了哪些事情，边吃着早餐，边思考着自己未来一周要忙些什么工作。

此时，电话或E-mail就进来，紧接着进会议室开会，开始一天的紧凑行程，结束忙碌一天后发现自己很疲倦，但还有很多事情没做，也来不及交代部属，结果只能自己留下来加班完成，结果错过与家人晚上相聚的时光。

可想而知，家人的心情和脸色也不是太好看，因此我对自己的评分也很低，常常有不知为何而忙的问题，或产生自己到底做完了哪些事情的疑惑。长期下来，大脑不断盘算着还有哪些事情没做，担心焦虑则让自己的工作效率更差了，逐渐走向恶性循环……

这样的人生，是不是很熟悉呢？

我为了改变这样的情况，也进修了很多时间管理课程，一般多以条列式制作每周工作清单，基本上都只会写下工作范围的内容，逐条列下，然后一件一件勾选，做不完就加班完成，这是多数人的做法。过去我也常因为做不完而加班，曾有一周的工作时数高达一百小时，并察觉自己太聚焦在工作上，没有兼顾到家庭和健康，那该怎么办呢？

这时候，思维导图法就是用来做时间管理非常好用的工具，它帮助我条列出来所有工作事项，可以清楚掌握整个工作概况，并规划事情的优先级与轻重缓急，学会如何请他人协助并授权，现在工作量比以前多很多，但是我却觉得现在管理得比以前轻松！

我每周设计一张工作清单思维导图来帮助自己。

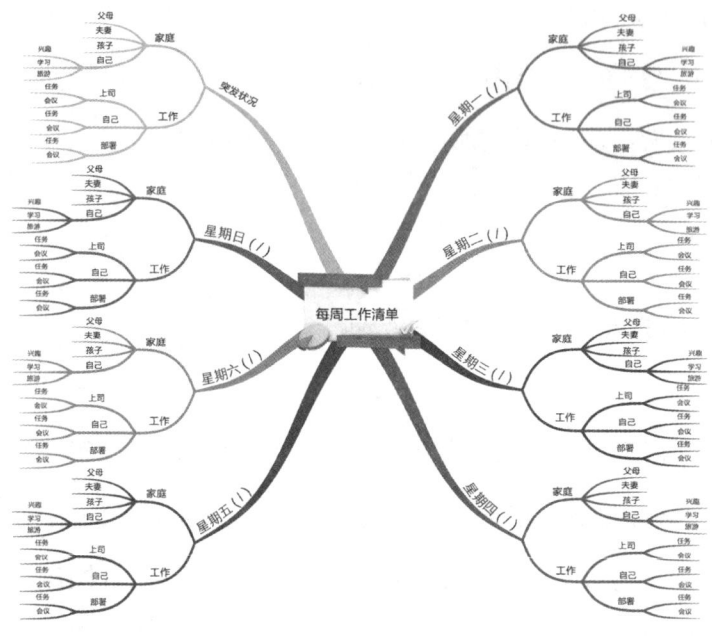

（每周工作清单）

周末规划下周进度，有效引导正向循环

请大家试试看吧！通常我会在周末就启动，开始拿出工作日历来思考下周的工作事项，先快速书写下来哪些事情是要完成的，之后再根据Deadline（最后期限）与急迫性来安排工作时段。我遵守的一个信念是：站在顾客的角度思考，不可以迟交，因为迟交的报告是最差的报告！

然后，我习惯提早一个小时到办公室，这个时间不会堵车，通常提早进办公室都没有什么人打扰，可以安静地规划并思考工作内容。我习惯一边看着我用思维导图法做的每周工作清单，一边从容吃完早餐。然后，我就准备进入工作状态了。通常我八点到八点半进办公室，到九点半之前，我早已经完成好几项工作，像回复不少封E-mail，汇报工作进度，或是请伙伴协助工作，当大家到达办公室的时候，就可以开始处理需要团队合作或是沟通的项目，帮助自己节省时间与多专案并行，虽然还是忙得团团转，但心里有思维导图当底，我就知道该如何更有效率地工作及做好时间管理分配！

有些人会说：那这样提早上班又没有加班费，我不是亏了吗？这样为工作牺牲值得吗？我觉得如果只是从这个层面来看，那就太可惜了！我一直抱持的态度就是：我不是一个打工仔，我就是我的老板，我为我所做的工作负全责，也为自己的人生负责。我极推崇日本的职业精神，大块文化出版的《匠人精神：一流人才育成的30条法则》是其中的经典，秋山利辉先生在文中提到：有一流的心性，才有一流的技术。也如屏风表演班创办人李国修先生所说：人一辈子能做好一件事就算功德圆满了。两者有异曲同工之妙。让自己努力成为专家，并用知识为其他人做贡献，这是我对于自己的信念！

而且用思维导图法规划每周工作清单最大的好处是，当我排定每天的行程之后，我的心理压力就小很多，然后默默告诉自己："我只要把这上面的工作一一做好之后，我今天就完成了！太棒了！"思维导图不仅提升我的自信心，同时也让我的大脑得以运作得更顺畅。为什么呢？因为你尝试看看，做一件事情的时候，但是心中想的是另外一件事情时，你觉得自己做得快吗？一定会比较慢，而且脑中胡思乱想，很容易产生负面情绪与头晕脑涨，反而让自己处于很容易疲惫的状态，也就更加难以专心于目前的工作中。我们常常是人在现场工作，心在担心未来，怎么能够开心地过好每个当下呢！所以用思维导图写下来，就可以帮我们省下这不必要的困扰，诚挚推荐给大家一定要使用！

我非常敬爱的老师陈怡安教授曾经在课程中说过："践行，是检验真理最好的方法！"让自己成长的最好方法，就是脱离舒适圈。我们都知道这样的道理，但是知易行难。学习思维导图也是一样，使用新工具需要一些时间去习惯适应，脑袋真是用来思考而不是拿来记忆杂事。细节跟琐事不同，细节是我们对于项目任务的细腻完美追求，琐事则是消耗自我精力，让自己的生命尽量减少琐事，专注于细节完美过程中，这样把力气用在有价值的地方，就能够快速崭露头角！

过好我们自己的人生

每周工作清单确实能让我工作比较轻松一些，90%~95%的工作内容都能在期限之内完成，也做到了相对善用时间把握住重点！只是做这么多事情，有时候我也会感觉到疲惫（毕竟我也是人，不是神），有时会迷失，不知道自己为何而战！这时候我会暂时放下手边的事情，给自己一小段安静时间，让自己跟自己内心对话，这时我会问问自己：

- 我做这些究竟是为了什么？
- 我当初进来这边的初衷和意义是什么？
- 我完成了当初我设定的目标了吗？
- 如果还没，那接下来我该做些什么呢？
- 我有哪些障碍需要去沟通或克服呢？
- 我这一生所为何事？
- 我现在有没有偏离我的人生目标？如果有，为什么？如果没有，那我在烦恼困惑什么呢？
- 哪些事情跟我的人生比较相关联，或是可以支持我向人生目标前进的？

每个人都是独一无二的，想要过什么样的精彩人生，就看你如何去努力争取。让自己积极进取也是一天，消极被动也是一天，但是一天的宝贵时间就这样一去不复返。我会通过思维导图来思考并写下我自己内心的挣扎与纠结，虽然不是所有事情都有答案，但我从写下的跟自己对话的内容中，真的帮助自己厘清了不少事情。

【赵老师小技巧】

· 每周工作清单思维导图操作步骤：

1.先用关键词快速联想。

2.依照事情轻重缓急排列优先级分类。

3.把工作内容放到每天当中。

4.严格执行。

· 很多人会迷失在时间急迫性中，觉得自己每天都很忙，而用逐条列出的任务清单方式，又较不易发现事件的轻重缓急与连结性，从而造成事件衔接过程中出现不自觉的浪费。通过思维导图的规划，可以详观事件全貌与关键细节，环环相扣，且同时进行多个项目，让时间成多倍数运用。

第三章

自我进修篇
——实际运用整理术

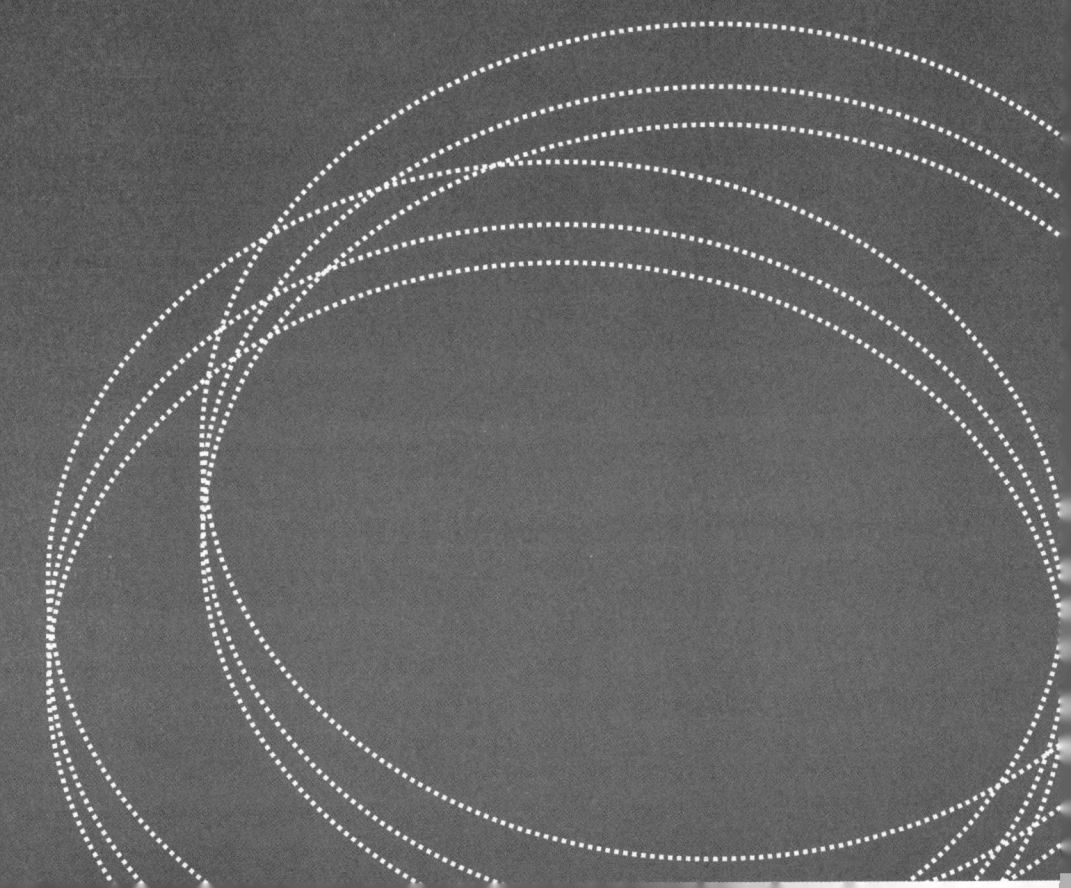

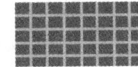

思维导图"理财先理心"的简单表格法

怎么样才能摆脱贫穷呢?大家可能会说拼命赚钱,如果只是依照这样为目标,很可能会走偏,从而用比较投机的方式赚钱,到最后可能得不偿失。你可以看到新闻偶尔会出现太过投机的报道。

诚如龟田润一郎先生所著《为什么有钱人都用长钱包》中提到:每一分钱都需要给予尊重,财富之神才会回馈你,让你累积财富,进而达到人生的最终目的——幸福。我非常认同这样的观念,赚钱理财应该要将每分钱花在刀刃上才能减少不必要的花费进而累积财富,而最终目的是要能够让自己与周遭的人幸福。

首先,我们要先把自己的心和目标梦想梳理好。请您先思考以下几个问题:

- 十年后的自己，想要过什么样的生活呢？
- 这样的生活需要多少的收入和储蓄才能够维持呢？
- 我希望月薪多少？
- 如何从事这样高收入的工作呢？

检视下来可能会发现：现实与理想有所差距。不要气馁，这时候正是自我觉察的好时机，更是让我们积极改变理财方式的开端。而留意金钱是控制金钱的根本，而钱的流向与流量，代表了你的生活方式，所以只要改变理财观念，就能改变习惯，进而让钱花在刀刃上，并趁机好好检视自己的理财习惯，抱持感恩的心情，善待自己，善待金钱，才能在未来让自己与家人过上相对有质量的生活。

思维导图规划让人掌握金钱漏洞

能够利用的金钱=收入-支出。要让我们本身利用的金钱增加的话，基本上就要理解四个字：开源节流。

- **开源（收入增加）**：让钱进到荷包的方式增加都称之为开源，如累积实力让自己快速晋升、延伸专业领域增加收入等。

- 节流（支出减少）：让钱减少流出荷包都称之为节流，如不冲动购物、养成记账习惯、尽量自己煮饭，减少外出就餐等。

要先能生财，才需要理财，否则一切都是空谈！

开源无法马上实现，需要靠持续累积，若你在自己有兴趣的事物上做到一定程度的积累，甜美的开源果实将在一段时间后展现。若目前赚的钱不多，赶紧投资自己让自己在职场上的身价提升，之后再来谈理财才有效果。假设我每个月存一万元，一年存十二万，而加上理财每年赚5%的收益来计算，会多得到六千元。但是如果投资自己让每个月自己提高一千元收入的生财能力，这样一年就净增加一万两千元，比理财收益的六千元还要多六千元。所以要先锻炼让自己迈向理想幸福的生财能力，之后搭配理财能力就会有大幅度的加成效应。

节流，能让你马上就有成就感。《为什么有钱人都用长钱包》一书中提到，很多家庭主妇最喜欢收集优惠券，这些优惠券会让你思想受到控制、丧失思考能力，不知不觉买下不需要的东西，这样的金钱漏洞会让金钱从你的荷包中不知不觉地消失，所以应该避免这样的消费陷阱（如不理性消费）。

阅读完此书后,我也运用思维导图把我们的金钱花费分成以下四个种类:

甲、消费(等价交换,但没有增值)。

乙、投资(能创造未来的金钱):就是在拼未来拼图。对于梦想或目标的描述越明确,就会更明白该采取怎样的行动。

丙、浪费:买了不用就是浪费,想清楚自己是想要还是需要,不要贪小便宜一次买太多,之后因没有用到而过期、浪费。

丁、留意将消费变成投资的方法

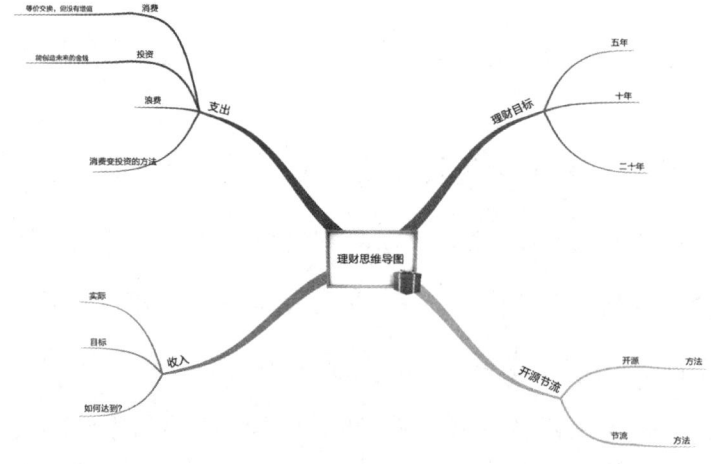

理财先理心,思维导图

此外，在节流部分，要定期检视并压低个人不必要的欲望。我发现想要开源节流，更应该在意用钱状态的自我检讨；要事前预估每月、每周支出，不要有突如其来的消费，控制金钱的意义要具有规划性，每个月设定两次发薪日，否则钱很容易随着感情的变化而流失，养成固定控制支出的三原则：冷静的态度、选择时机以及限定领取金额。

此外，降低消费欲望及非必要开支也是很好的方式。例如我阅读过很多成功人士的传记，发现高效率人士的共同点就是，很多会一次买好多套一样或类似的衣物，这样替换最快速，像是facebook创办人扎克伯格先生统一颜色的T-Shirt，趋势专家大前研一先生也是好穿的衣服或鞋子都会一次买好多款，因为这些成功人士都是把精力投资在自己的脑袋与能力上，缩减物欲产生的精神耗费。长时间这样锻炼就会有更好的能力，进而才有更好的生产力，因此就能与一般人产生差异，收取更高的费用。

谨慎理财，规划至上

有一回，我有一个作家朋友跟我聊到相关理财观念。我就用思维导图表跟她分享，她加以使用后向我反馈：她过去常乱买小东西，现在当要购买大笔金额的物品时，就会先想到"需要的幸福生活是什么？"，然后想想"应该怎么做？""要跟谁讨论？""如果五年后收入有所变动该怎么办？""我现在的事业版图，未来十年会是什么样子？"，经过这样思考后，画在思维导图上，然后检视写下现在该不该买的选择。慢慢地，降低乱买的频率，理财状况改善，存款也开始越存越多。

没钱时，就多投资自己的脑袋和技能，厚积薄发，并确实执行开源节流的方法，这样理财可以让我们的生活过得更加稳健。

只要下定决心开始进行并坚持到底，虽然开始缓慢，但总要迈开步伐，纵使只有一厘米也好！只要肯去留意，在怀抱希望的瞬间，无论多么不起眼的东西也会成为改变人生的原动力！

经常想象十年后的自己而提早展开行动，期待着十年后的萌芽，在自己的心中撒下许多种子。若想提升人生的质量，就要改变与你来往的对象。输入改变了，输出也会跟着改变；接收到高质量的情报，自我形象也会提升。

【赵老师小技巧】

1.理财先理心：了解想要过上自己梦想的生活需要多少金钱。

2.定期记录理财思维导图并确实执行开源节流。

3.真正的理财应该从不浪费的心态开始。在运用思维导图做理财规划时，可以明确地抓住消费时的盲点跟金钱流向，当然有些人有记流水账的习惯，不过那也只是条列当下的金钱状况，运用思维导图则能规划十年后的财富。

思维导图简单解决考试遇到的困难点

不论是考试、公司升迁，还是学校考试，不少人在面临考试的时候，常常有专注力不够、读不懂等问题。现在诱惑太多，大多数人都有网络焦虑症，总会不自觉打开微博、LINE、微信Wechat等通信软件，深怕漏掉任何一则讯息似的频频确认，这样的举动，看似简短不耗时，但其实无形中消耗了大量的时间并造成了专注力持续被中断，要再重新花费一段时间培养专注力。

因此，我需要专注的时候，基本上会使用几种方式帮助自己提升专注力：

1.关掉手机或调成静音，最好收在抽屉，避免受到手机信息提示灯影响。

2.事先安排独处的时间，先将待办的事情处理完毕，避免心思情绪受影响。

3.尽量选择独处的空间。

如果看书读不懂该怎么办呢？

读不懂时，真的不要觉得自己读书天分不够，我们常常在内心说："我怎么这么笨，某某人马上就学会了，真是天才！难道不能跟他一样吗？"我们常会有小声音在内心鞭策自己，其实每个人的学习方式都不同，进度也不同，只是在当下时间你这个还没读懂，不代表你未来读不懂。

读不懂有可能是有以下几个原因：

1. 没有找到自己的读书节奏：像有些人是听觉为主的学习吸收较好，有些人则是视觉为主，要通过不断测试，找寻到自己最适合的读书方式，才可以发挥自己的潜力。

2. 笔记写得太漂亮：有些朋友笔记做得过度漂亮，好像作品一般，可想而知花了极多时间制作，所有人看到都会惊呼这么美，朋友也为此感到自豪，但是我要说笔记不在漂亮，只要能达到学习效果就是好笔记，不要把学习效果跟笔记的美观与否本末倒置。

3. 不了解关键词，抓取技巧不达标：把无关内容也做笔记，过分记录并耗费大量时间，时间不知不觉就过去了。

一般读书读不懂有几个程度之分，我把它分成四个阶段：

（读书有几个阶段，从低阶到高阶，学习思维导图逻辑思考，才能累积信心）

1.听了，但没有懂。什么叫"听了，但没有懂"？就是老师上课的内容左耳进右耳出，自己读书时都觉得里面内容跟火星文一样，无论怎么读，进度就是超级慢，做题目时几乎不会做，这样的程度叫"听了，但没有懂"！出现这种情况真的不是现在的问题，而是过往基础的部分没有打好，问题直到现在才浮现出来，建议可以回过头重新把基础打好，再往下深入研究。很多人会说没时间。我之前听一位资深老师跟我说：没有修炼过关的功课会用各种方式出现在你眼前，直到你修过为止。我体会过，特别要跟大家分享：不要太短视，凡事看长远，打好基础功才是一切扎实成功的根本。

2.似懂非懂。老师上完课之后，大概知道里面谈到的内容，但是回家没有复习，考试就对于定义部分非常犹豫，花了很多时间问自己"真的是这样吗，还是那样？"时间都蹉跎在判断当中，可以想象依然考不好，因为花太多时间回想。所以这阶段要做好对于素材的熟悉和全部理解。

3.懂但不熟。这部分牵扯到两块：一块是复习频率，一块是练习频率！这有什么差别呢？复习是复习观念与内容，练习是写考试真题或是习题演练，通常我们在做作业时大部分都没有时间限制，可以悠闲地把每一个步骤了解再往下进行，但是考试不同，考试就是要你在有限时间之内判断你对于内容的熟悉与了解程度，所以我认为考试都是速度测验！我也遇到过自己都很熟悉了，但是没有把握好考试节奏，考试成绩大概只有发挥八成水平，所以不断练习实际模拟操作，就可以更加熟悉，大幅度减少自己发挥失常的机会！复习功课，请参考以下的黄金复习频率！

黄金复习频率：

· 第一次：课前预习并做成思维导图。

· 第二次：上课专心听讲，把老师讲的重点跟自己思维导图笔记做比较。

- 第三次：下课五分钟快速浏览刚刚上课所学内容。
- 第四次：24小时之内复习内容。
- 第五次：当周周末安排时间复习该周所学。
- 第六次：一个月复习该月所学（符合高中月考周期，考前可念六次）。
- 第七次：三个月复习期间所学（符合大学期中考/期末考周期，考前可念七次）。

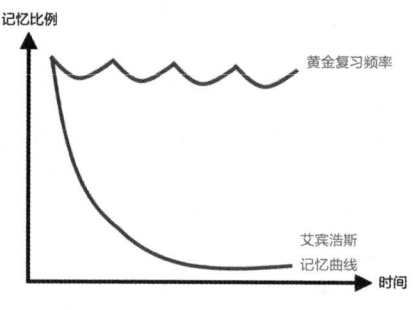

黄金复习频率图标

4.自我激励。到了最后阶段熟悉运用的时候，其实会遇到的问题是：我这样的准备足够充分吗？别人还又多读了些什么？这也是我在准备时常常会出现的疑问，就算自己准备的内容已经滚瓜烂熟，但还是会担心，那怎么办呢？我后来就学会了一件事情，告诉自己，不要跟别人竞争，要跟自己竞争！自己才是自己需要超越的对象，全力以赴当下的任务，结果就顺其自然吧。我相信自己累积的努力，一定会在未来某一天化成甜蜜的果实！

再者，请务必把要做的事情都写出来，将准备考试的重点与难点列成思维导图。因为画出来后，脑袋清空，就不用记太多琐碎事情，反而可以用来做更有价值的思考，而且写下来会发现自己只要把这几样都做完就可以，内心有时会充斥着一股自信心，鼓励自己赶紧做完，通常我做完之后，会犒赏自己一份甜点，激励自己赶紧完成！这样的鼓励方式很有效，一定要跟大家分享！

【赵老师小技巧】

· 创造出一个让自己能够专心的环境和空间，这是很重要的事情。

· 再者，请务必把要做的事情都写出来，将准备考试的重点与难点列成思维导图。因为画出来后，脑袋清空，就不用记太多琐碎事情，反而可以用来做更有价值的思考，而且写下来会发现自己只要把这几样都做完就可以，然后给自己小小的奖励品。

思维导图法与曼陀罗法有什么不同？哪一个更好用？

每一种表格都有人使用，也因为使用习惯不同，没有好用不好用的差异，只有分为"够用"或是"习惯"。

思维导图法是由中间往四面八方发散的结构，由东尼·博赞(Tony Buzan)先生所发明，之后迅速在全世界蔚为风潮。而曼陀罗思考法，据考察是由日本今泉浩晃博士所发表，他是从日本空海大师那里学习到的，根据九宫格矩阵为基础，在中间撰写主题，写完之后，依照周围八个方格写进去，8*8辐射发散方式快速填入产生想法。

思维导图跟曼陀罗法相似之处：
1.顺时针方式逐步思考书写。
2.逆时针方式逐步思考书写。

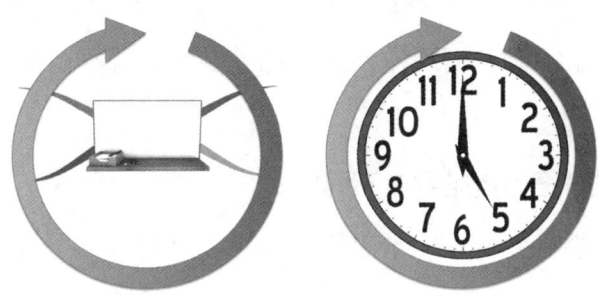

(图说：在填写关键词时，可以运用顺时针思考法，养成刺激脑力的习惯)

我通常还是会习惯使用顺时针方式胜过逆时针方式，为什么呢？

这有两个原因：

1.节省时间。怎么说呢？我时常练习思维导图，基本上写下去的内容大多不用再调整，需要调整的内容也是少部分，可以节省宝贵的时间，让我用同样时间做很多事情。

2.顺时针书写惯性。因为我发现自己的书写习惯，通常会从一点钟方向开始写，最后内容结束在十二点钟方向，这是我个人的惯性思考。我觉得这样思考对我来说有一种类似锻炼功夫的起手势，一旦开始，大脑就开始解放，无限奔腾。而且顺时针填写，可以让大脑的思考状态进入构思的心流当中，有时候觉得自己只是一个载体，把意识流的内容通过我的手书写出来，听起来很玄，但当体会到之后就会明白那样的感受。

思维导图跟曼陀罗法不同之处：

1.曼陀罗法是一种向四面扩散的放射方式。

2.曼陀罗法最多只能写八个，超出这个数量就要写到下一个九宫格去，这样的限制让我下笔有时候会比较犹豫，会在心里面做了一些取舍，其实有时候舍弃的想法当中，也是会有宝藏在其中，所以我还是偏好使用思维导图法，因为数量不受限制，可以不断自在联想，若太多分类，还可以迅速收敛整理，这是两者在数量上以及灵活应用上的差异。

【赵老师小技巧】

从一点钟方向开始写，最后内容结束在十二点钟方向，这是我个人的惯性思考，一旦开始，大脑就开始解放，无限奔腾。

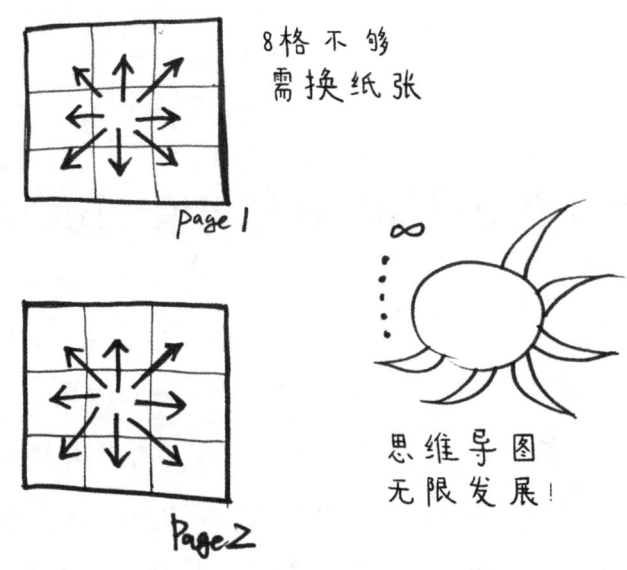

曼陀罗思考法，据考察是由日本今泉浩晃博士所发表，他是从日本空海大师那里学习到的，根据九宫格矩阵为基础，而思维导图可以无限发展，两者具有差异性。

项目工作甘特图好还是思维导图好？

之前有学员跟我说了一个故事着实把我逗乐。就是某次上完课后，约经过了一个月的时间，学员和我的朋友提及上过我的课，但一时语塞忘了思维导图（心智图）这个课程的名称，只记得心什么图，忽然朋友脱口而出："心电图！"便得正在喝饮料的他瞬间喷飞，并引起一阵爆笑！

(思维导图VS心电图)

我听完当下觉得很逗趣，所以偶尔也会在课程中分享这个小故事。但是仔细思考学生们的对话，也让我从中发现一些心得。怎么说呢？

其实学生脱口讲出来的常常是最直觉的反应，我们生活中有太多的图表，像是甘特图、鱼骨图、比较图、因果关联图等，学了这么多种图，但是好像从来没有人告诉我说这些图该怎么用，以及该用在哪些地方，多半靠自己摸索或是前辈手把手带着做慢慢学会的，所以在此我将一般常用的图表与思维导图做个比较，希望有助于大家快速掌握在对的时间点使用高效率的图表来解决手上的问题。

思维导图法与甘特图的比较

思维导图跟甘特图对我来说没有好坏，而是先后顺序的搭配使用。

如果是从事项目工作的职场人，一定都常会使用甘特图。什么是甘特图？甘特图是直方图的变形，主要是多了一个时间因素在里面，通常会用Excel表格制作，在最左侧纵轴写上项目的工作项目，横轴则代表时间，左边代表现在，右边代表未来，可以依照项目工作的大小来调整时间单位(年/月/周/日)。

而使用甘特图最大的挑战在于：如何拆解工作以及时程安排，工作该拆解到多细才好，以及是否把该做的工作都完整思考过一次，以及如何做每一样工作，大约要花多少时间的预估安排，彼此工作之间是否有先后因果关系，哪些工作没有做完后面就无法进行之类的，需要一一厘清与确认。当项目小的时候还容易厘清，一旦是大型项目时，工作细项太多，很容易陷入细节内容里面，而项目若有变动时，光调整细项的时程就会花上大把时间，这是大型项目在使用甘特图时不可避免的缺失。这时拆解的工作就可以通过思维导图的辅助加以完成，再转换成甘特图置入时间的安排，安排期程时，建议中间要预留一些缓冲时间（buffer time），以利于项目紧急突发事件的应急处理。

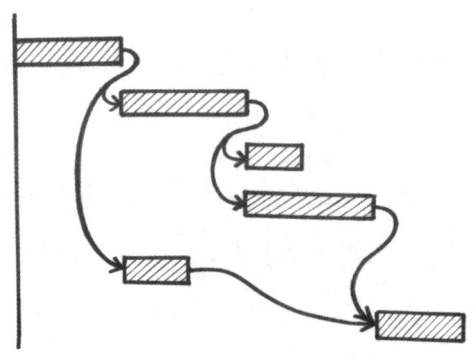

（使用甘特图最大的挑战在于拆解工作以及时程安排。）

思维导图法与鱼骨图的比较

什么是鱼骨图？鱼骨图是由日本品直管理专家KaoruIshikawa石川博士在1953年提出来的图表，也叫做"石川图"，因为彼此有因果关系，也称之为"因果图"。

鱼头跟鱼刺则分别代表不同意义：
・鱼头：代表目前事件的结果。
・鱼刺：则是造成这样结果的诸多可能主要原因，之后可以再细分次要原因等相关细节。

鱼骨图是属于收敛的思考方式，可以帮助每个人迅速掌握目前讨论的主题，只是它某种程度上也限制了大家的思考性，因为目前所列出来的可能原因，可能都不是真正的原因，但因为大家会深究细节，通常很难跳脱框架思考其他原因。而鱼骨图常常很多人写一写卡住，主要是因为问的问题不对，思考得太琐碎，或是把次要原因当成主要原因来看待，从而发现自己可能无法继续往下探讨形成原因。

我简单整理一般遇到的问题，若使用鱼骨图来操作，可以从以下几个角度切入：

- 流程：工作程序、检核、流程精简……
- 管理：企业策略/战术、组织气氛、企业文化……
- 设备：老旧与否、接口衔接、操作方式……
- 材料：不符标准、材料污染、合格率……
- 人员：经验不足、传承……
- 技术：最新技术……
- 环境：政府法规、消费者……

思维导图法则不同，思维导图法可以自在应用发散与收敛的思考方式，中间可以写目前遇到的情况，就像鱼骨图的鱼头一样，之后就开始脑力激荡可能发生的原因，通常我会先抱持"不批评、不停止、不责备"的三不态度开始联想，之后我才会把可能的原因分门别类，逐渐归纳出可能的原因，再一一检视彼此可能存在的关联性，之后再根据这些原因来构想可能的解决方案，通过彼此讨论找出最佳方案。

思维导图与矩阵图的差异

矩阵图是非常好用的图表类型，像是SWOT分析、BCG矩阵、时间管理、绩效潜力矩阵等都是矩阵图的经典类型，我常用矩阵型图表用来做比较，这是所有图表当中我觉得最容易秒懂的，通过横轴与纵轴的对焦，瞬间就可以找出相关对应的内容，像是比较竞争对手的产品等。

思维导图也可以做比较，只是使用上我会建议最多做两个产品/服务之间的比较，若超过三个以上的比较，我建议使用矩阵图来做，因为矩阵图排列清楚，可以减少你找寻内容的时间，并利用时间做出相对充分的思考，进而提供高质量的决策。

【赵老师小技巧】

各种图表可以相互搭配、交叉使用。

·甘特图：最常用于工作项目轻重缓急的时程排序。

·思维导图：联想、规划、收敛与发散均可。

·鱼骨图：属于收敛思考方式，可以帮助个人迅速掌握目前讨论主题。

·矩阵图：常用于比较，多个项目比较时我会选择矩阵图，最容易看懂。

用思维导图快速听演讲超能理解

坊间有很多速读、速记及快速记忆法则,却往往着重于视觉效果,在听演讲的时候,如何快速摘录演讲重点,而不需要一字一句都抄下来呢?

我身边很多人都热爱学习,也会写笔记,但是回家还会重新整理笔记消化内容的人则不多,私底下请教有做到这个程度的都是顶尖高手,只是这样做笔记耗时费工,而这些高手已经能做到迅速完成笔记。请教之后发现他们都有自己最擅长、最有效率的整理方式。

从大学开始,我就很喜欢学习与听演讲,光是听演讲也累积了两百多场的笔记,但是时常写在空白纸背面或是其他书籍上,结果就是回家后没做整理,后来很多宝贵的笔记数据都遗失或有缺少,觉得非常可惜。

后来，我就开始研究如何能让笔记不遗失，我发现思维导图法软件和evernote都可以很好解决我遇到的困扰。通常我会用思维导图先做学习笔记，这样做有一个好处是，可以快速把内容补打上去，当开始听出演讲者的脉络的时候，我就可以自由地把刚刚所打下来的关键内容做顺序重新排列与重新分类的动作，只要几分钟的时间，基本上就能抓住演讲者要表达的重点内容，这是我觉得很棒的一点。

演讲多铺梗，抓出"梗"来建立节奏感

好的演讲者通常脉络清楚，节奏明快，不时还在演讲内容中铺很多梗，让现场笑声不断，讲者从容谈笑风生，结束后所有听众报以热烈掌声圆满结束。这样的演讲笔记很好做，因为通常这样的演讲者真的是很贴心的，在最后还会留几分钟的时间帮助大家复习当天所说的内容，所以很容易可以把笔记做得很完整，回去重新阅读也容易回想，仿佛重现当时的演讲。

只是当遇到比较没有结构或是开放性演讲的讲者，做笔记的挑战就来了。常常边书写，边被演讲者的音调催眠，回家一看根本看不懂自己所写的鬼画符。有时候则是记了半天，没有抓到重点。

我建议大家让自己从评论者的角度转换成学习者的角度，抱持好奇心与开放的心态来学习。我都抱持着这样一种心态：演讲只要有一句话让我产生收获，我觉得就值回票价了。只是我不甘于此，希望自己能迅速吸收新知识。此时，我就会用思维导图法来帮助自己，这还不够，还需要演讲模板辅助。什么是演讲模板？请大家回想一下，通常一场演讲会有什么样的元素在里面？有的人会说有主讲者，有的会说有引言人等，我总结自己所听演讲的经验，演讲的结构可以分三个：开场、重点、结语。

1.开场：包含引言人致词，领导致词，介绍主讲者。

2.重点：主讲者主题破冰(破题)，整理为重点一、重点二、重点三……

3.结语：主讲者内容重点回顾，后续说明。

我通常都是用这个演讲模板就能够突破80%~90%的演讲，如果没时间出去听演讲怎么办？其实现在信息爆炸，随便一找都是一堆学习资源，像我就常常聆听TED的影片来做笔记，这是很棒的笔记锻炼素材，因为每一段TED影片大多10~20分钟，内容精练有结构，重点清楚，最适合初学者来磨练自己的笔记功力。当你做了30~50篇笔记之后,回头看看自己第一篇笔记的影片,重新做一次笔记,这样前后比较,就会很清楚地发现自己阅读与听演讲进步的差异,这个差异会巨大到吓自己一跳!提供给各位参考这个很实在的方法。

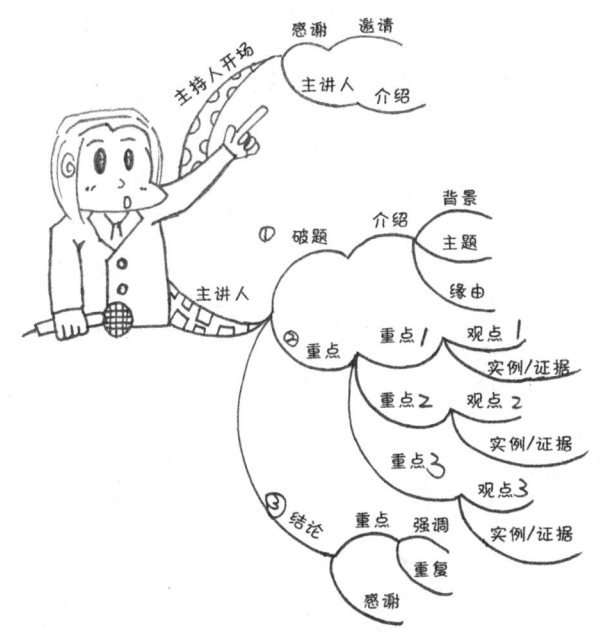

(主讲人具有开场、破题、结语等重点,拆解演讲流程)

【赵老师小技巧】

抓住好演讲的梗与回溯,都可以靠既有的演讲模板抓出重点。

1.开场:包含引言人致词,领导致词,介绍主讲者。

2.重点:主讲者主题破冰(破题),重点整理123。

3.结语:主讲者内容重点回顾,后续说明。

第四章

梦想职涯篇
——串起过去活动创意

思维导图帮你完成梦想版图

知道目标大步前进的同时,具象化与步骤化,是梦想实现的最佳方式。思维导图也是梦想版图,种下目标的种子,朝努力方向前进。

五年前我说想要成为两岸三地的讲师,大家一定说:"做梦!"但个人心想人生有梦最美,希望相随。说到梦想,我最喜欢大联盟安打王铃木一郎的故事,铃木一郎从小就立志成为顶尖的职业棒球选手,三岁的时候就开始练习,虽然从三岁到七岁练习的时间加起来只有半年,但从小学三年级开始,一年365天里有360天都拼命地练球,势必要参加初中、高中和全国的比赛,最后他达成了自己的心愿,成为大联盟的传奇球星,这是铃木一郎奋斗的历程过程。

思维导图让人在梦想的航道上前进

往往看到别人的故事,就会想到自己的成长历程,是否还在当初的梦想航道上呢?

两三年前,我参加了时间管理专家张永锡老师的研习营,写下未来五年的目标:搬家回台中、结婚、身体健康……结果我真的在两三年后逐步走在这样的道路上,虽然我没有一直回首去检视,但是总觉得不时会想到那张图片!用思维导图写下来也是一样的道理!

记住:把目标确实写下来真的是会帮助你越来越靠近目标。

没有经过反思的人生,是不值得活的。陈怡安老师上课时常用这句话来提醒我们,要我们问问自己:这一生为何而来?怡安老师说要立定人生目标,就要以终为始,从写自己的墓志铭开始,以下是怡安老师的墓志铭:一生以悲悯为核心,不间断地传习人文价值,即使在最后一口气,仍关怀着点亮人性的光辉。

日本第一曼陀罗笔记术专家松村宁雄先生在《曼陀罗式联想笔记术》中提到人生百年计划,他认为人生每个阶段都有不同着重的事物，通过看到人生终点而让自己生命活得更有意义与更加踏实，我觉得这跟陈怡安老师教导我们的观念不谋而合，所以我用思维导图法结合陈怡安老师的墓志铭与松村宁雄先生的人生百年计划，画出属于我独特人生的思维导图，丰富我的人生旅程。

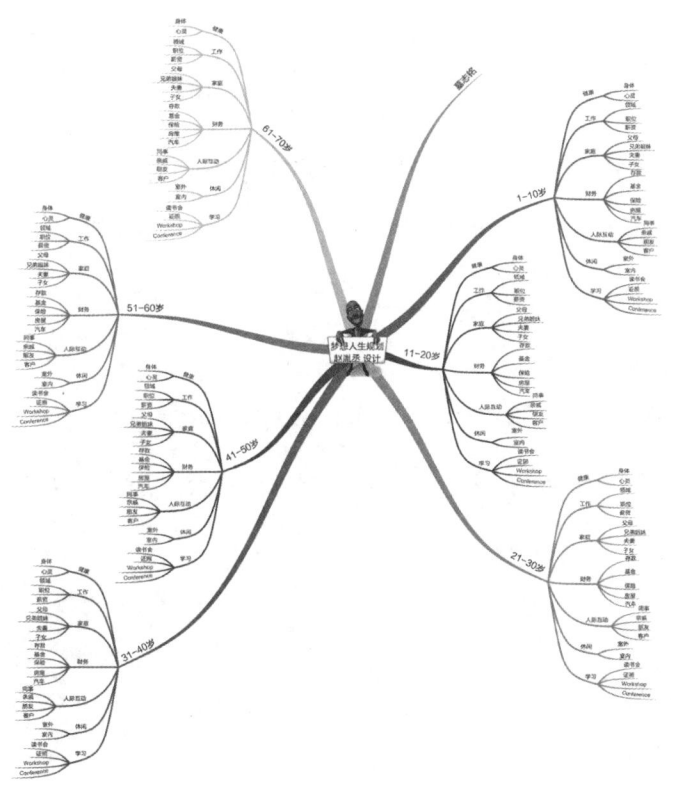

梦想人生规划模板，将人生梦想具象化，有践行，梦想成真才可行。

我的偶像严长寿先生曾提过：台湾不缺抱怨的人，缺卷起袖子行动的人。有梦想，心才能开始飞翔；有践行，梦想成真才可行。写下来——去实践吧！我在实践梦想的道路上，也邀请大家一起同行。

【赵老师小提醒】

1.我们的人生梦想或墓志铭是什么？

2.做到这些后，我们就觉得人生不虚此行了吗？

3.我们是否还走在自己的梦想道路上？

4.如果没有，是因为什么原因？那我该做些什么才能回到梦想航道呢？

5.如果有，那我现在的进度符合我的预期吗？

6.梦想清单列出来之后，更重要的是持续践行。

用思维导图法求职真好用

因为课程关系,结识于儿童美语补习班服务的朋友Steven,一天他紧急来电,希望我当天能跟他碰面讨论事宜。他说:"因为某语言教学机构想要跨领域经营来增加营收,通过猎头公司来挖角,说我的管理经验非常符合他们的需求,确认明天面试,因为时间紧迫,只有一天时间准备,请问我该怎么准备呢?"

为了帮助他换位思考,我提问并运用思维导图的技巧快速记录。

首先,我请Steven换位思考,假装自己是该集团的执行长,开始提问:

- 目前公司运营遇到什么问题?
- 哪些问题目前可以解决,哪些不行?
- 集团的目标是什么?

- 目前的市场趋势？
- 目前的营销方式是什么？
- 未来将如何与新科技结合？
- 如何扩展更多分校？
- 如何有效培育中层干部？

……

我发现Steven都能针对问题侃侃而谈，我觉得这次面试他已经成功了一半，所以平时职场实力的累积还是很重要的。在那一个下午，我们在咖啡厅里通过这样的互动，我与Steven讨论出许多不同想法，最后整理出一张质量兼具的思维导图，请Steven回去整理成更完整的运营计划，隔天就带这份运营计划前往面试。

不久后，我接到Steven的致谢电话，他非常顺利地通过面试。执行长还特别夸赞Steven："你真的很有经验，都知道我目前思考及面对的困扰是什么，更重要的是都有相对应的解决方法！我们能够邀请到你真是太棒了！"

Steven靠思维导图录取后不仅在集团内担任要职，还把所写的营运计划付诸实现一一推动，让集团营收与获利都快速成

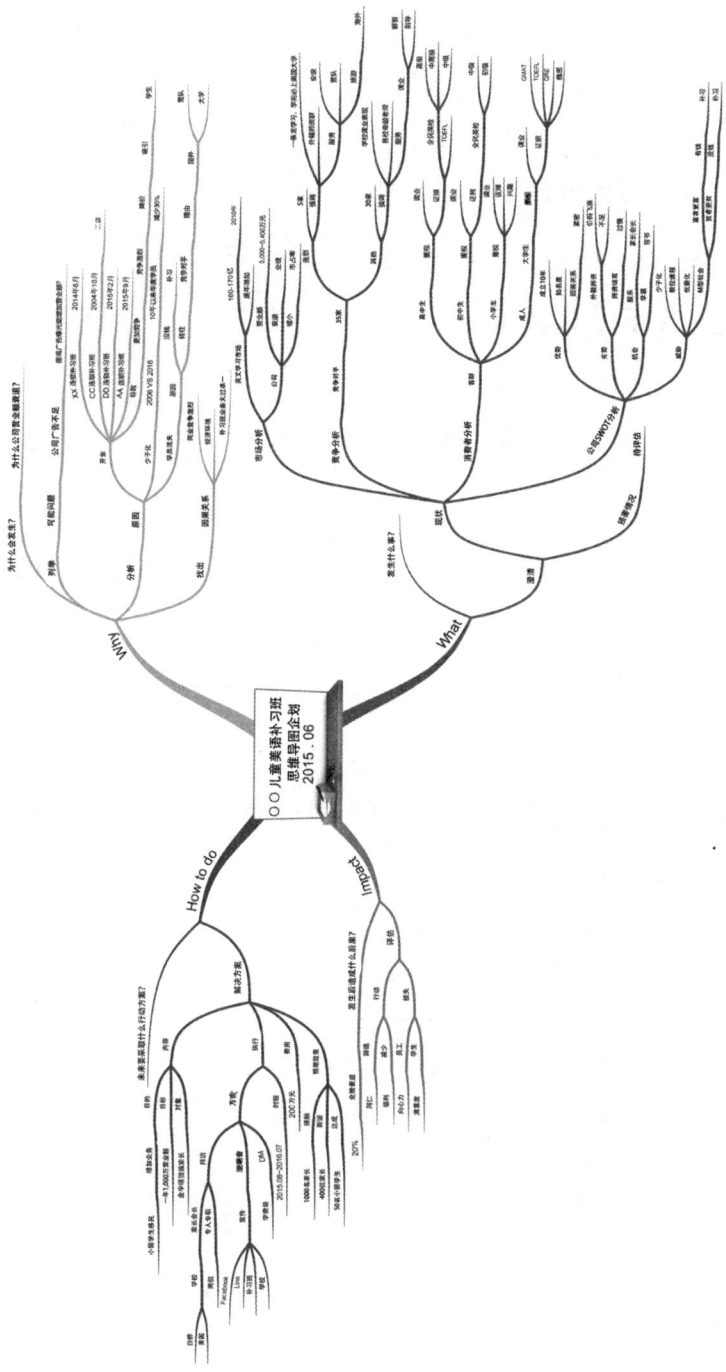

美语补习班组织规划模板,先有架构,才看得到前景。

长，让他直呼思维导图真是太神奇了！

【赵老师小技巧】

1.换位思考：来假设自己是对方职务的人，他会怎么思考与行动？

2.遇到问题，原因是什么？要用什么方法才能解决这些问题呢？

3.用思维导图快速汇整想法，短时间内撰写出质量兼具的运营计划。

4.请记得想让自己脱颖而出，就要做出差异化，这样才能让大家印象深刻！

八卦纸构想课程逻辑，思维导图提升整理效率

纸上谈兵？想要拥有一颗逻辑脑袋准备课程，可不是嘴上说说就行，最好是通过纸笔记录下来，记录关键词后，通过科技工具提升备课效率与执行力。

从无到有，天马行空无限创意

要思考一门课程，我觉得准备顺序很重要。有一点要特别注意：千万不要马上打开PowerPoint投影片软件，因为这是造成课程失败的原因之一。当我们一打开过往档案，就会被既有框架及内容局限我们的想法，有了旧有成见，反而不容易有新的灵感产生！

我都是从解放倒空自己的大脑开始。以下是我备课的操作步骤。

1.制订主题。我会先拿出一张八卦纸来构想。八卦纸是我从陈怡安老师跟杨田林老师教授习得，因为思维导图前面大家很熟悉就不赘述了，接下来我就来介绍另一个跟思维导图很相似的构想工具——八卦纸。八卦纸就是拿出一张A4纸，折成八乘八，等于六十四个格子，陈怡安老师取其八卦为八八六四的音。定义一个备课主题，之后把脑袋所联想到的内容尽量书写，每一个空格之中只要写关键词就好，关键词可以是名词，或是一个概念，甚至一个活动都可以，但是不要写其他详细内容，相关具体内容等想法确定再构想就足够了。

八卦纸图档

2.限制时间。我认为没有时间压力是很难提升自我专注力与思考力。而我通常给自己设定的时间大约是5~10分钟，我就要填写完这六十四个空格。对我来说，有时间压力的限制，反而能让我大脑联想运作加快，反应更加直觉，不会让自己陷入思考这答案的好坏中。我常看到在进行练习活动时，学员经常写不出来，多半是因为想太多不敢动笔所致，这样反而很可惜。在有限的时间内，约15~20分钟写满两三张八卦纸，有时想法会重复，剔除就好，但是短短时间内，会发现已经有一些基础概念。如果在有限时间内达成，我通常也会用一些小奖品来鼓励自己，如金莎巧克力一颗。我觉得平常我们都太缺乏鼓励自己的机制，一定要给自己鼓励，才能做得开心与保持热情！

3.思维导图架构分类。写完八卦纸后，这么多的关键词，我就会用思维导图来架构分类，先把所有内容录入思维导图软件中，通常刚开始时的分类很乱，这是必经过程。之后再重新浏览分类，把觉得分类有误的地方重新调整。接着换位思考，把听众在意的重点挑选出来，才能知己知彼，百战不殆。

但有时候规划新课程我也会遇到挑战，因为我对该领域不熟悉，用八卦纸能联想到的内容不多，那该怎么办才能扩充我的思考广度及深度呢？这不仅用在课程准备当中，也可以应用在自我进修提升。因为要成为专家，对自己热爱的领域一定深入专研，这几个方法也都适用！

以下有三个方法跟大家分享：

1.Google搜寻；

2.请教该领域专家；

3.相关专业书籍。

1.Google 搜寻

Google真的是我每天都会使用的超级工具，一般要怎么找寻相关内容呢？使用这个技巧即可：关键词+空格+.ppt、.doc或是.pdf。例如，像是利润管理课程，我搜集完数据后，我就同时输入"利润管理+空格+.ppt"搜寻数据，就会看到Google网络上许多前辈制作的简报内容，下载阅读后，将重点与我刚刚整理的思维导图法比较，如果一样的内容，表示英雄所见略同，相关资料保留，如果有不同的地方，建议可以先保留，搜集更为广泛的素材，让主题内容更加完整。那要看多少份教材才够呢？基本上，约10~20份教材左右，看完就会掌握住大部分的重点，接下来就可以仔细思考该如何组织这些素材。

2.请教该领域专家

充满好奇心去问问题是很棒的美德！若有该领域专家可以请教，更能达到节省大量时间的效果。因为是专家，所以更加知道一般人的症结点在哪儿，一切入就是重点，可以把你整理的思维导图内容请专家指教：制作教案与教材时应该把重心放在哪些内容上？哪些内容是未来趋势？通过访谈，可以让自己在每次与专家的访谈中都收获满满并节省大量的摸索时间。

3. 相关专业书籍

自学能力是目前职场发展必备能力。书籍通常论述更加完整，若能从几本专业书籍基础入手，将可以更加通透了解该领域内容，制作课程简报规划时也更加有把握，因为深刻知道自己做了多少努力，那份自信将会油然而生。像是简报技巧的书籍，我自己多年的购买与研读已经超过50本，每次只要有新书，我几乎马上购买，立即阅读并把重点摘要整理。为什么呢？我不希望自己成为万年教材的老师，我在意的是如何通过阅读激发自己的想象力，不断用更容易让听众了解的方式来传递课程内容，因此更是需要做好基本功课与锻炼。

【赵老师小技巧】

1.八卦纸构想

甲、制订主题

乙、限制时间

丙、思维导图架构分类

2.三种方法扩展准备课程的深度与广度

・Google搜寻

・请教该领域专家

・相关专业书籍

图像联想强化记忆力超神奇

记忆效果的强度基本上是：实例>图像>文字。

几年前，我的双胞胎侄子侄女还在念初一时，有一篇课文，叫做《五柳先生传》，在我小时候也读过这篇文章，不知道大家还记得内容吗？

内文如下：

先生不知何许人也，亦不详其姓字。宅边有五柳树，因以为号焉。

闲静少言，不慕荣利。好读书，不求甚解，每有会意，便欣然忘食。性嗜酒，家贫，不能常得。亲旧知其如此，或置酒而招之。造饮辄尽，期在必醉，既醉而退，曾不吝情去留。环堵萧然，不蔽风日；短褐穿结，箪瓢屡空。——晏如也。常著文章自娱，颇示己志。忘怀得失，以此自终。

赞曰：黔娄之妻有言："不戚戚于贫贱，不汲汲于富贵。"极其言，兹若人俦乎？酣觞赋诗，以乐其志。无怀氏之民欤！葛天氏之民欤！

那个周末，我已经跟侄子侄女约好要去看电影，抵达表姐家准备接他们时，表姐忧心着侄女周一要考该篇文章默写，但是背了两天一直会漏写，认为孩子们该多花点时间继续背诵，不适合去看电影。我听到后，立刻跟表姐说："如果背了两天还背不起来，休息一下转换个心情也是挺好的。等会我跟甜甜（侄女）在搭地铁的途中，会跟她聊聊看究竟是哪里背不出来。"于是表姐欣慰地同意让我们一同出去看电影。

走往地铁站的路上，甜甜跟我提到，其实，她不太知道怎么把整篇背熟，后来我就跟甜甜打赌，搭地铁这40分钟的路途，舅舅就会让甜甜背出来，如果甜甜没有背出来，甜甜请我喝饮料；如果你背出来，我请甜甜跟小禹（侄子）看电影并加码爆米花。甜甜开心地接受了这个挑战，并开始非常专心地背诵《五柳先生传》给我听，刚开始"先生不知何许人也，亦不详其姓字。宅边有五柳树……"都很顺，但是到了中间一句话一直卡住，时常会忘记，那句话为："每有会意，便欣然忘食。"我问道："你知道这句话是什么意思吗？"甜甜点头表示知道，说："意思是说每当对书中意义有所体会，便高兴得

想想关键词联结。

忘记吃饭。"

我说："甜甜常常漏掉，是因为不知道怎么与故事或甜甜自己联结在一起，那我就来帮甜甜加强记忆。甜甜现在的脑袋浮现出什么动物？"

甜甜："猴子。"

关键词联结，可以提升孩子的记忆力。

我说:"猴子,很好。那你就这样记那段话吧。'当甜甜突然发现弟弟是一只猴子,你开心到忘了吃饭。'"弟弟一听立刻在旁边跳脚抗议,姐姐则笑得东倒西歪。经过这样的联想后她顺利记住了那句话,整篇《五柳先生传》非常顺利地在40分钟的车程当中背到滚瓜烂熟,当然,周一的默写考试也顺利通过,而当天我们三个也很开心地一起度过了电影时光与爆米花时间。思维导图中的图像记忆,真的可以让读书变得有趣,同时还加深记忆。

【赵老师小技巧】

- 记忆效果:实例>图像>文字。
- 一知半解的强迫记忆,比不上充分理解的有趣联想。

用思维导图一年快速阅读100本书的好方法

怎么开始阅读比较好呢？起码你要先喜欢阅读，以及享受阅读的乐趣。我个人是热爱阅读者，我每年至少150~200本书的阅读量，身边好朋友很多更是重度阅读者，像是Vista郑纬筌大哥、谢文宪老师、杨斯医师、王樱等都是我仿效的对象。

那要怎么看才能快速阅读吸收呢？不知道各位是否参加过读书会呢？现在信息工具太多，如手机、平板、笔记本电脑等，信息也呈爆炸式增长，大家看书的机会真的少之又少。但是阅读真的是一种很棒的经验。为什么呢？因为要写成一本书，通常要经过一段时间的酝酿与校稿，作者与编辑的多方考究，以及设计与市场等多方面考虑之后，才能够出书上架到市场上。因此，要能够熟悉一个主题，阅读与快速学习的能力是现代职场生存的必备技能。

阅读，开阔了我的视野

这些年来，我也读超过1000本以上的书，包含专业书籍、工具书、小说、商业书籍等，而有一本书一直对我影响很深，那就是今天要分享的《如何阅读一本书》，作者是莫提默·艾德勒（Mortimer J.Adler）与查理·范·多伦（Charles Van Doren），这本书由台湾商务印书馆出版。这是一本阅读的学习地图，主要提醒我们：读书前，要在心中问自己这四句话：

- 我为什么想要读这本书？
- 这本书哪里吸引我？
- 而我希望从书中学到什么？
- 有哪些相关参考书籍可阅读？

因此搭配这本书，就能把你的阅读内功提升，很多看书的盲点都可以一一找出并化解！而这几年我也参加不少伙伴举办的读书会，像是好朋友Robin老师的益读读书，人仆学苑的各区读书会等，都带给我很多充实的养分。而我用三个字总结我的学习，那就是"读""输""汇"。是的，我今天要跟大家分享的就是"读输汇"，而这个"读输汇"代表什么意思呢？

"读"是"读书"，"输"是"输入"，"汇"是"汇总"。今天会用这三个字跟大家报告我的学习心得。

读书

从翻书的开始有系统地略读我有兴趣的主题。
1.先看书名页，有序就阅读推荐序与作者自序。
2.翻阅目录，大致了解书的结构与内容。
3.阅读作者简介。

输入

阅读完一本书后有一种畅快感，会觉得瞬间自己大脑进入非常多的信息。只是会常常遇到一个问题：那我刚刚到底学到了什么呢？其实在《如何阅读一本书》当中提到阅读一本书时，你一定要提出四个主要问题来自问自答：

·整体来说，这本书到底在谈些什么？

·作者详细说了什么？怎么说的？

·这本书说得有道理吗？是全部有道理，还是部分有道理？为什么？

·这本书跟我有什么关系？我有什么感觉？用什么观点来看待这本书？

我如果回答不出来或是回答这四个问题卡卡的时候，我一定会重新回去看是不是哪里我没有读懂或是遗漏重点了，一定要在这步骤把内容搞懂才行。

汇总：

之前在美国深造时，一直非常仰慕耶鲁大学的教授罗伯特·希勒（Robert Shiller），一本厚厚的经济学原理，他可以在四个小时完整阅读完毕。我非常惊讶，下巴都要掉下来了。这怎么可能！后来仔细研究，发现这是可能的。希勒教授能阅读这么快都是因为他深厚扎实的背景知识，所以已经懂的内容就快速浏览过去即可。目前我是用思维导图帮助自己整理学到的内容，转化为课程教学教材与背景知识。

而且思维导图也可以通过彼此进行分工合作，让读书会成员每人阅读一本不同的书，并做成思维导图来分享。之后搭配录音或是文字部分，在15~20分钟内快速把书的精华重点内容整理并跟大家说明，这也是一种非常好的学习模式！之前我也参加过类似的读书会，从中也有不同方面的学习，也增加了我阅读内容的多元性。

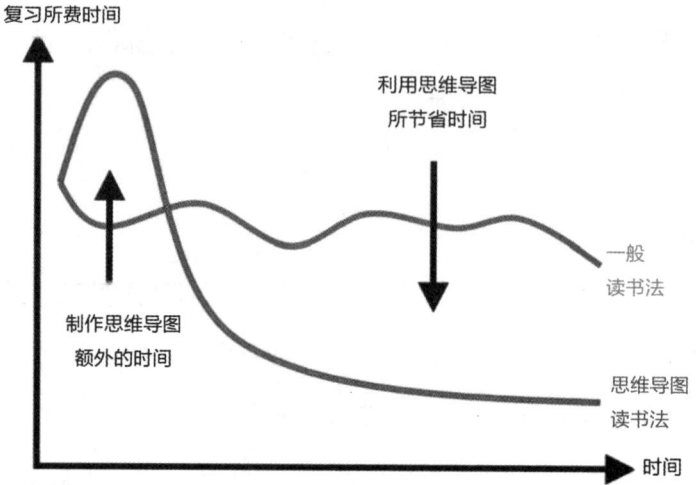

(利用思维导图读书法,以长远来看可以节省相当多的时间。)

【赵老师小技巧】

知识学习的三步骤(读输汇):

1.读书;

2.输入;

3.汇总。

画思维导图别太费时间,自己看懂最重要

通过上述心法,学会方法。然后呢?笔记?关键词?练习?最后怎么样才能达标?过犹不及,是要"节约"时间,不是"浪费"时间。

在一次两天的培训课程,课程中间间隔了一个月做复训。下课休息时间,一位同学跑来问我:"老师,我这样用思维导图法做证照考试笔记觉得很辛苦,能否请您指导一下?"

我说:"当然没有问题。你是哪里出现状况,能否提供你的实务操作让我知道呢?"学生从包包拿出一大沓笔记,翻开给我看。

我说:"哇!你做这么多张思维导图了!很不错呀!"

学生说:"我依照老师提到的方法做,我也觉得有进步,只是我尝试了一段时间,考证照的成绩跟进度还是没有显著提高,我该怎么做呢?"

我问:"你花多少时间做思维导图呢?我从笔记看出来你花很多时间,是吗?"

学生说:"对呀,我花超多时间做思维导图的,上课前我会先画一张思维导图,上课中也很专心地把老师写的内容补充,之后我会再重新画一张思维导图,最后着色,我每次这样做完都要花三四个小时的时间,一周要做三次……"

学生滔滔不绝地说着,我则听得瞠目结舌,不禁打断他:"你花这么多时间做笔记,那其他事情跟工作怎么办?"

学生说:"对呀!我只好牺牲睡眠时间及与家人的相处时间……所以家人对我也有一些抱怨……老师你之前说思维导图不是越用越轻松吗?怎么我越用越辛苦?你能否帮我看一下哪里出了问题?"

我仔细阅读学生的草稿后，指着上面的图案问："请问你花多少时间画这些图案？"

学生说："大概有一半时间吧！因为我一直觉得如果画得不好看会被笑话，所以我就花很多力气用于画图，画到满意为止！"

我说："这就是症结点所在啦！你看，你第一次画的这个草稿，你能跟我解释这个流程机制吗？"

学生说："当然可以呀，就是……"学生仔细地回答着。

我说："那就对了，靠这张草稿你就能很清楚地说明内容让我知道，所以它已经是很棒的图案了。"

学生说："是这样说没错，只是老师，你不觉得很丑吗？"

我说："其实呀，这也是刚学思维导图很大的心理障碍，常常觉得自己画得丑，但其实思维导图是帮助自己能够联想后续内容，你觉得这次证照考试用思维导图法的方式操作，你希望得到什么结果呢？"

学生说："当然是考试轻松又顺利通过呀！"

学生的目标很明确，只是花太多时间在做美工，有个重要观念要跟大家分享："思维导图是画给自己看的，不是画给别人看的！只要自己看得懂也用得出来，其实就达到目的了。"把图画得很棒，只是还是要根据目标做比例调整，避免自己越做越累，回去慢慢减少图案美工时间，把时间用于复习内容，应该可以多复习几次。

最后该名学生调整方法后，高分通过证照考试，也跟我说这样做进度比过往快20%，我也为这名学员感到开心。

刚开始学习思维导图的过程中，常常会很贪心，希望把每个环节都照顾到，只是很多时候不需要处处下苦功就可以达到相近似的效果，所以在演练时，一定有很多部分需要调整比例，要看我们目前有多少时间，多少资源，怎么做对整体最好，这样思维导图法的应用，才不会让你越来越累，而是成为你提高工作效率、减轻身心负担的好工具！

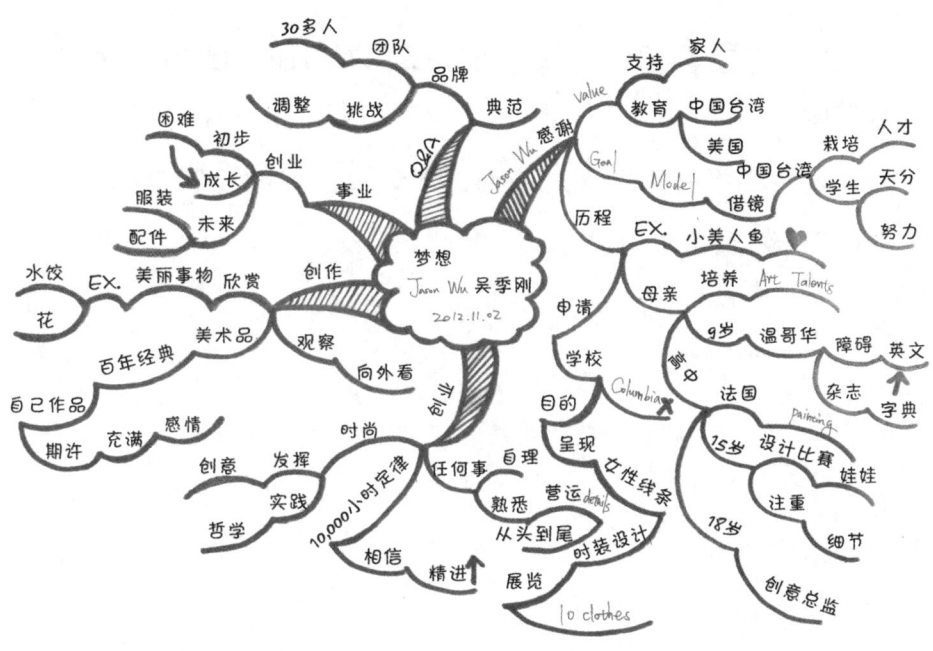

学习时遇到心理障碍,要告诉自己:思维导图只是辅助工具。

【赵老师小技巧】

  1.思维导图是画给自己看的：自己看得懂、想得快，就容易记住！

  2.图片不要画得太过精细，笔记只是辅助我们记忆的工具，千万不要舍本逐末。

思维导图法用来规划国外自助旅游真是一大利器

你有没有发现每次要找出国旅游的信息都要花很久的时间呢？花了大量时间看了几十个网页，抓了几十页的信息，但是要用的时候时常找不到。思维导图法可以帮助你解决这个问题。

我们可以先用思维导图里面的模板，帮我们先把旅游内容放上去，像是饭店名称、地址、电话、航班班次、这次必去景点行程与必吃餐厅。先把关键词放去，再跟家人讨论确认是否这些景点都是大家想去的，并且做出取舍，讨论出大家的共识。之后再一一用Google Map定位，就可以知道如何玩得充实又有效率。虽然有些人会觉得出去玩就出去玩，何必这么累人呢？其实自己做了功课，对当地的风俗民情能有更多的认识，在看待国家文化时有更深刻的感受。其实出国旅游最重要的是创造家人之间及好友之间共同的回忆，所以用心规划好的行程，将会使大家都满载快乐回忆而归。这不正是最棒的礼物吗？

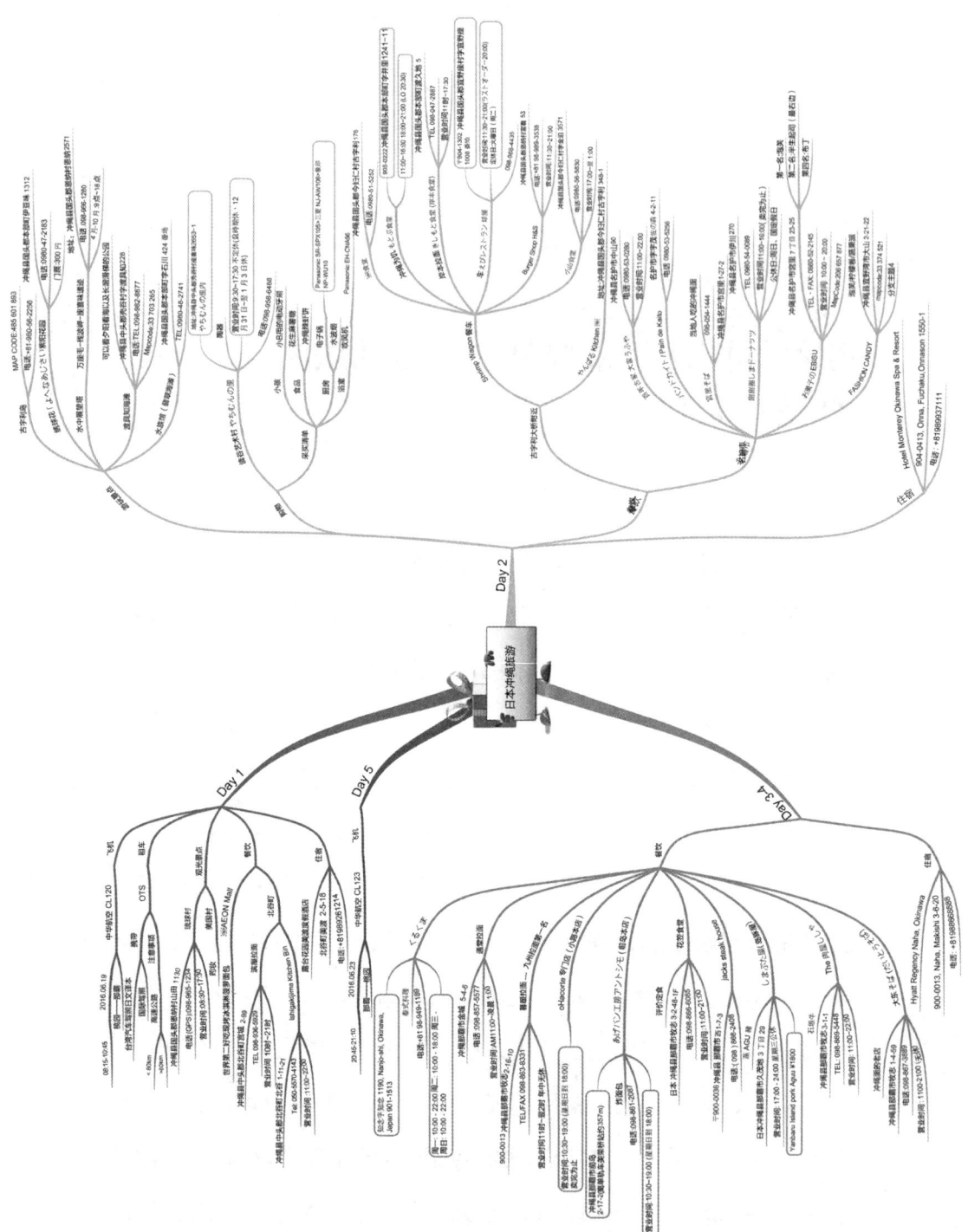

日本冲绳旅游，思维导图示意图

你还在烦恼出国要准备哪些东西吗？以及不时为自己可能忘东忘西的粗线条感到伤脑筋吗？别担心，思维导图法可以帮到你的忙，下图是我用思维导图整理的出国必带用品清单，基本上这涵盖了90%以上出国常见用品，我规划了三个版本，男生版、女生版、小孩版。你可以根据自己的需求与出国天数做出增减，这张清单在手，你就不用动脑去一一回想思考，只要逐一确认打勾就知道自己哪些东西还没准备好，这样是不是轻松又简便呢！

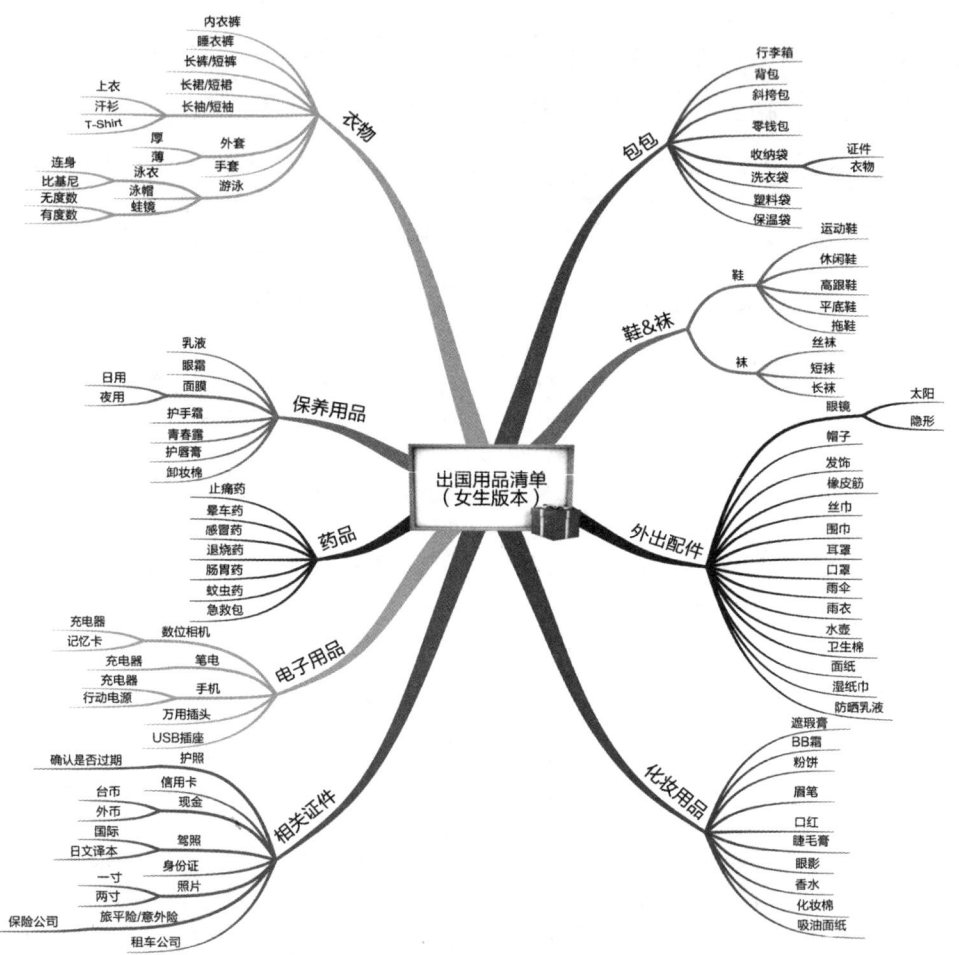

出国用品清单——女生版本

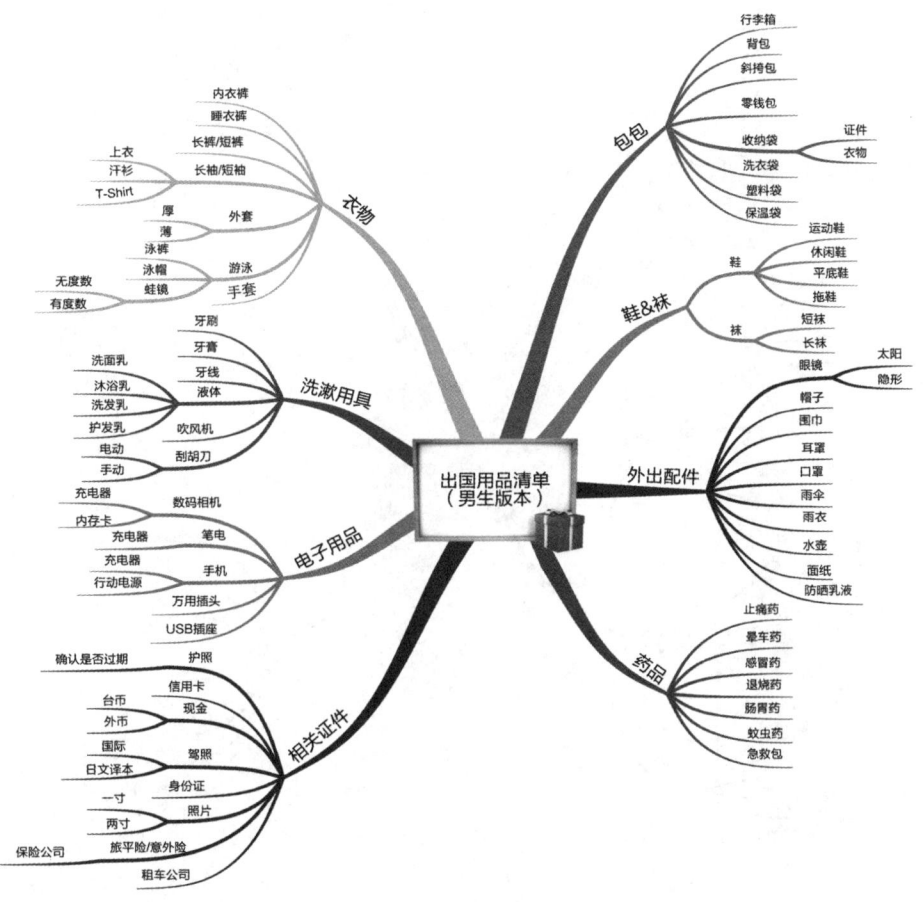

出国用品清单——男生版本

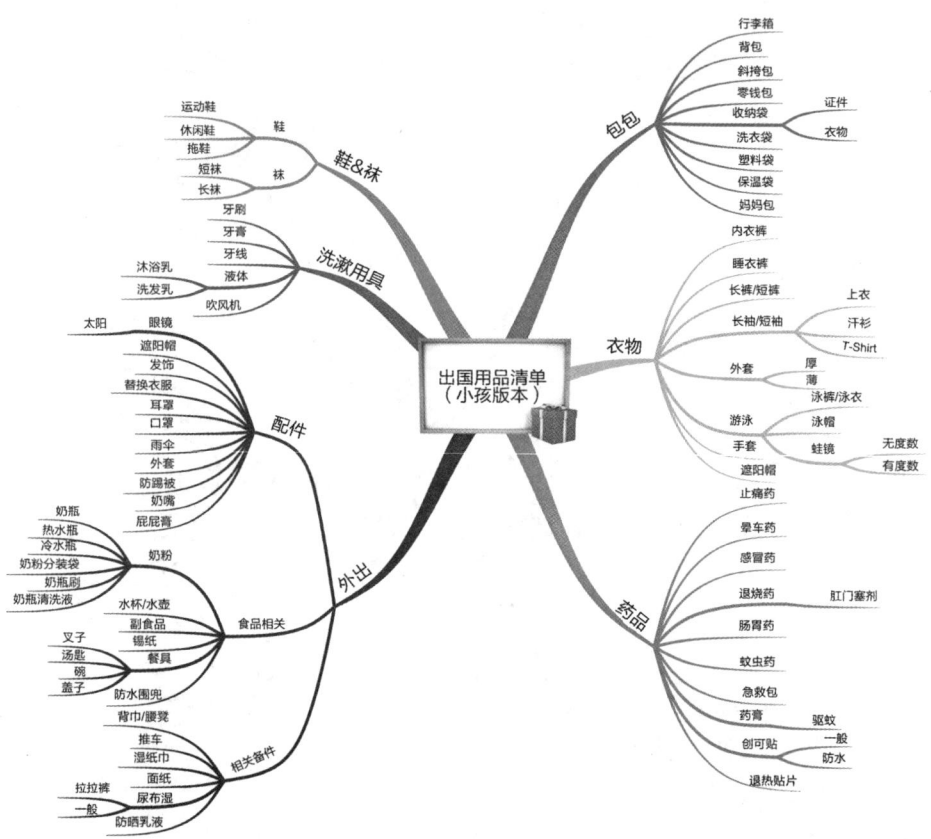

出国用品清单——小孩版本